SUITES

À

BUFFON

PLANCHES

Livraison

POISSONS.

PARIS

A LA LIBRAIRIE ENCYCLOPÉDIQUE DE RORET,

Rue Hautefeuille, N°12.

HISTOIRE NATURELLE

DES

POISSONS

OU

ICHTHYOLOGIE GÉNÉRALE

PAR

AUG. DUMÉRIL

PROFESSEUR-ADMINISTRATEUR AU MUSÉUM D'HISTOIRE NATURELLE DE PARIS

ATLAS

PARIS

LIBRAIRIE ENCYCLOPÉDIQUE DE RORET,

12, RUE HAUTEFEUILLE.

1865

BAR-SUR-SEINE. — IMP. SAILLARD.

EXPLICATION DES PLANCHES.

PLANCHE 1.

Diverses portions du squelette des Plagiostomes.

Fig. 1, 2, 7 et 8. Colonne vertébrale, dépendances et détails (*Alopias vulpes*).

Fig. 3 et 4. Idem (*Rhina squatina*).

Fig. 5 et 6. Idem (*Rhynchobatus lœvis*).

Les mêmes lettres indiquent les mêmes parties dans chacune de ces figures.

a corps ou centre de la vertèbre (t. I, p. 17, 24 et 25).

b cartilages cruraux (*id.*, p. 17 et p. 23).

c cartilages intercruraux (*id.*, p. 17).

d (fig. 3 et 4) cartilages surcruraux (*id.*, p. 18).

e (fig. 4 et 5) cartilages supérieurs supplémentaires (*id.*, p. 19).

f, f' cartilages transverses ou parapophyses (*id.*, p. 19 et 22).

g (fig. 1) rayons de la nageoire caudale (*id.*, p. 20).

h (fig. 2, 3, 5 et 6) cartilages costaux (*id.*, p. 20 et 21).

i, i' (fig. 1, 2 et 5) orifices pour la sortie des nerf rachidiens (*id.*, p. 23).

j (fig. 1) orifices pour la sortie des vaisseaux (*id.*, p. 24).

Fig. 9. Nageoire pectorale dont on ne voit que les premières rangées de rayons, et cartilages des branchies (*Raja clavata*).

k crête médiane de la portion indivise de la colonne vertébrale (*id.*, p. 14 et 15).

l bord relevé de la lame latérale de cette même tige (*id.*, p. 14 et 15).

m moitié interne et supérieure de la ceinture scapulaire (*id.*, p. 33).

n-s cartilages analogues des os du carpe (*n*, le médian; *o, p*, le postér., composé de 2 pièces; *q, r, s*, l'antérieur composé de 3 pièces) (*id.*, p. 34).

Fig. 10. 2ᵉ nageoire dorsale et nageoire caudale (*Raja clavata*) (*id.*, p. 43).

PLANCHE 2.

Portion antérieure de l'axe cérébro-spinal de divers Plagiostomes et de poissons osseux et origine des nerfs encéphaliques (t. I, p. 66-74).

Fig. 1, 2 et 3. *Raja clavata* (en dessus, en dessous et coupe latérale)..

Fig. 4 et 5. *Rhina squatina* (en dessus et en dessous).

Fig. 6. *Mustelus vulgaris* (en dessus).

Fig. 7. *Acanthias vulgaris* (en dessus).

Fig. 8 et 9. *Abramis brama* (en dessus et coupe latérale).

Fig. 10 et 11. *Conger vulgaris* (id., id.).

Fig. 12. *Torpedo marmorata* (en dessus).

Les mêmes signes indiquent les mêmes parties sur chaque figure; mais toutes les lettres et tous les chiffres ne sont pas répétés sur toutes les figures, alors même que celles-ci montrent les parties que ces lettres et ces chiffres servent à désigner.

1 (fig. 10 et 11). Nerfs olfactifs. — 2 (fig. 1, 6, 8, 9, 10 et 11). Lobules olfactifs. — 3 (fig. 1-9 et 12). Processus olfactifs. — 4 (fig. 1-12). Lobes cérébraux. — 5 (fig. 8, 10 et 11). Glande pinéale. — 6 (fig. 1, 3, 4, 6, 7, 8, 9, 10 et 11). Tubercules bijumeaux. — 7 (fig. 1, 3, 4, 6, 7, 8, 9, 10 et 11). Cervelet. — 8 (fig. 1, 4, 6, 7). Lamelles latérales de la moelle allongée. — 9 (fig. 3). Ventricule latéral. — 10 (fig. 2, 3, 9, 11). Lobes inférieurs de la moelle allongée. — 11 (fig. 3). 3ᵉ Ventricule ou ventr. moyen. — 12 (fig. 3, 11). Infundibulum. — 13 (fig. 3). Aqueduc de Sylvius. — 14 (fig. 2, 3, 5, 9, 11). Corps et tige pituitaires. — 15 (fig. 3, 4, 6, 7, 11). 4ᵉ Ventricule. — 16 (fig. 2, 5, 7). Sacs vasculaires. — 17 (fig. 3, 5, 6, 9, 11). Moelle allongée. — 18 (fig. 2). Pyramides antérieures — 19 (fig. 8, 9, 10 et 11). Lobes supérieurs de la moelle allongée. — 20 (fig. 9 et 11). Cotylédons. — 26 (fig. 9 et 11). Commissure antérieure. — 27 (fig. 1, 3, 4, 6, 7, 12). Racine supérieure des nerfs optiques. 28 (fig. 12). Lobes électriques.

(21-25 désignent des portions de l'encéphale des poissons osseux non visibles sur la pl. 2).

(Les lettres suivantes sont marquées seulement sur les figures 1 et 2).

A (fig. 1). Ramuscules olfactifs (la lettre manque sur la planche): ce sont les petits filets nerveux qui, des lobes olfactifs 2 (fig. 1) se rendent dans la membrane muqueuse des cavités nasales. — B Nerf optique. — C Nerf moteur oculaire commun. — D Nerf pathétique. — E Nerf trijumeau. — F Nerf acoustique. — G Nerf moteur oculaire externe. — H Nerf des deux premières branchies, représentant peut-être le nerf facial, à cause de ses rapports avec le nerf acoustique dans la cavité auditive. —

I Nerf pneumogastrique. — J Racine antérieure du premier nerf spinal. — (Il n'y a pas de nerf hypoglosse, ni de nerf glossopharyngien nettement reconnaissables. Il n'y a pas de nerf facial comparable au facial des animaux supérieurs).

PLANCHE 3.

Fig. 1 et 3. Dents supér. et infér. Fig. 2. Dents supér. et médianes (*Mustelus vulgaris*, t. I, p. 400).

Fig. 4-6. Mêmes dents de *Must. lœvis* (*Id.*, p. 401).

Fig. 7 et 8. Dents médianes des mâchoires supérieure et inférieure (*Heterodon Philippi*). — 9 et 10, id. (*Id.*, plus jeune). — Fig. 11-15. Scutelles du même : (11 et 12, scut. dorsales, en dessus et de profil; 13, scut. des crêtes surciliaires ; 14, scut. de la région abdominale; 15, scut. de l'extrémité du museau), t. I, p. 89, 139 et 424. — Fig. 16 et 17. Dents médianes des mâchoires supérieure et inférieure (*Heterodon Quoyi*), t. I, p. 427.

Fig. 18. Dents du *Selache maxima*, t. I, p. 135, 136 et 413.

PLANCHE 4.

Fig. 1 et 2. Dents de l'extrémité antérieure des mâchoires supérieure et inférieure (*Heptanchus cinereus*). — Fig. 3. 6e dent latérale inférieure, et fig. 4, 5e dent latérale supérieure (*Id.*), t. I, p. 136, 432 et 433.

Fig. 5 et 6. Dents de l'extrémité antérieure des mâchoires supérieure et inférieure (*Heptanchus indicus*). — Fig. 7. 6e dent latérale inférieure, et fig. 8, 5e dent latérale supérieure (*Id.*), t. I, p. 136 et 434.

Fig. 9 et 10. Dents de l'extrémité antérieure des mâchoires supérieure et inférieure (*Hexanchus griseus*). — Fig. 11. 6e dent latérale inférieure, et fig. 12, 5e dent latérale supérieure (*Id.*), t. I, p. 136 et 431.

Fig. 13. Appendice génital ♂, et fig. 14, scutelles épineuses très-amplifiées (*Spinax niger*), t. I, p. 89, 235 et 441.

PLANCHE 5.

Fig. 1. Dents de la mâchoire inférieure (*Scymnus [Lœmargus] borealis*) vues par leur face antérieure, et fig. 2, vues par leur face postérieure, t. I, p. 132, 137 et 455.—Fig. 3 et 4. Id. (*Scymnus [Lœmargus] brevipinna*), t. I, p. 132, 137 et 456.

Fig. 5. Scutelles (*Rhina squatina*), t. I, p. 464; fig. 6, id. (*Rh. Dumérilii*), p. 467; fig. 7, id. (*Rh. aculeata*), p. 465.

Fig. 8 et 9. Scutelles (*Oxynotus centrina*) en dessus et de profil, t. I,
p. 444.

Fig. 10. Scutelles (*Centroscyllium Fabricii*), t. I, p. 449.

Fig. 11, 12 et 13. Scutelles en dessus, en dessous et de profil; et
fig. 14 et 15, dents de l'extrémité antérieure des mâchoires supérieure et infér. (*Centrophorus squamosus*), t. I, p. 90 et 448.

Fig. 16 et 17. Dents de l'extrémité antérieure des mâchoires supérieure et inférieure, et fig. 18, scutelles (*Centrophorus granulo-
sus*), t. I, p. 88, 90 et 447.

PLANCHE 6.

Fig. 1. Mâchoires de la Squatine (*Rhina squatina*), *a* maxillaire supé-
rieur et intermaxillaire confondus; *b, c* cartilages labiaux supérieurs; *d* cartil. labial inférieur; *e* portion dentaire, et *f* portion articulaire du maxillaire inférieur, t. I, p. 30 et 31.

Fig. 2, 3, 5. Dents supérieures médianes et latérales, et fig. 4, dents
méd. infér. (amplifiées 6 et 7 fois) de *Cephaloptera Eregoodoo*,
p. 655.

Fig. 6 et 7. Dents méd. supèr. et infér. (amplifiées 6 fois) de *Ceph.
Giorna*, p. 653.

Fig. 8. Dents méd. (amplifiées 4 fois) de *Ceph. Olfersii*, p. 657.

Fig. 9. Dents infér. et 9 *a*, dents supér. de *Ceph. Kuhlii*, p. 654.

Fig. 10. Armure épineuse du bord supér. de la nageoire caudale du
Pristiurus melanostomus, t. I, p. 91 et 324.

Fig. 11. Portion antérieure de la tête de la *Raja chagrinea*, t. I, p. 92
et p. 560, et fig. 12, id. (*Raja fullonica*), p. 92 et 554.

PLANCHE 7.

Fig. 1. Dents, et fig. 2, scutelles de Roussette (*Scyllium catulus*), t. I,
p. 90, 140 et 312.

Fig. 3. Dents de l'*Odontaspis taurus*, p. 140, 141 et 417.

Fig. 4. Id. de l'*Oxyrhina Spallanzanii*, p. 140, 141 et 407.

Fig. 5. Scutelles et gros tubercules médians du dos (*Hypolophus se-
phen*), t. I, p. 90 et 617, à la fin de la description.

Fig. 6. Tubercules cutanés de l'*Urogymnus asperrimus*, t. I, p. 90,
sous le nom de *Anacanthus asperr.* et 580.

Fig. 7. Dent de *Carcharodon Rondeletii*, t. I, p. 135 et 411.

Fig. 8, 9 et 10. Dents, et fig. 11 et 12, scutelles de *Raja chagrinea*,
t. I, p. 132, 141 et 561.

Fig. 13-15. Dents de *Raja Gaimardi*, t. I, p. 141 et 565.

Fig. 17. Scutelles de *Raja fullonica*, p. 555, à la fin de la descript.

PLANCHE 8.

Œufs de Plagiostomes et de Chimères.

Fig. 1. *Scyllium, a, a* fentes latérales, *b* fente terminale, t. I, p. 247, 248 et 312. — Fig. 2 et 3. *Heterodon Philippi* ou *Crossorhinus barbatus*, l'œuf entier et suivant une coupe longitudinale, p. 249. — Fig. 4, 5 et 6. Portions de l'enveloppe d'un œuf de Raie pour en montrer la structure, p. 250. — Fig. 7. L'un des prolongements angulaires d'un œuf de Raie, p. 252. — Fig. 8. Œuf de Chimère, et fig. 9, l'une de ses extrémités où se voient deux fentes parallèles, p. 683.

PLANCHE 9.

Becs de Scies.

Fig. 1. *Pristis antiquorum*, t. I, p. 473. — Fig. 2. *Pr. Perrotteti*, p. 474. — Fig. 3. *Pr. pectinatus*, p. 475. — Fig. 4. *Pr. megalodon*, p. 476. — Fig. 5. *Pr. cuspidatus*, p. 476. — Fig. 6 et 6 *a*. *Pr. semi-sagittatus*, p. 477. — Fig. 7. Coupe transversale du bec du *Pr. antiquorum*, près de sa base, t. I, p. 29, où cette fig. est indiquée, à tort, comme se trouvant sur la pl. 7.

PLANCHE 10.

Fig. 1. Portion du museau (gr. natur.), vu en dessous, du *Rhinobatus (Syrrhina) Bougainvillei*, où l'on voit la disposition des valvules nasales antérieures caractéristiques du sous-genre *Syrrh.*, et celle du système dentaire propre à cette espèce; 1 *a* et 1 *b*, dents supér. et infér. grossies, t. I, p. 136, 485 et 491.

Fig. 2. Museau (gr. natur.), vu en dessous, du *Rhinobatus (Rhinobatus) Thouini*, où l'on voit la disposition des valvules nasales antérieures caractéristiques du sous-genre *Rhinob.*; 2 *a* et 2 *b*, dents supér. et infér. grossies, t. I, p. 485 et 500.

Fig. 3. Scutelles de *Rhinob. (Rhinob.) cemiculus*, t. I, p. 495. — Fig. 4. Id. (*Rhinob.* [*Rhinob.*] *armatus*), p. 494. — Fig. 5. Id. (*Rhinob.* [*Syrrhina*] *Blochii*), p. 488. — Fig. 6. Id. (*Rhinob.* [*Syrrh.*] *annulatus*), p. 487. — Fig. 7. Id. (*Rhinob.* [*Syrrh.*] *Columnæ*), p. 486.

PLANCHE 11.

Bouches de Torpédiniens (Narcines) montrant les différences que présentent les orifices des narines, la valvule nasale, les plaques dentaires et les dents elles-mêmes, t. I, p. 132 et 513.

Fig. 1. *Narcine indica*, 1 *a*, dents, t. I, p. 517.

Fig. 2. *Narc. maculata*, 2 *a*, dents, p. 518.

PLANCHE 15.

Têtes et revêtement cutané d'Esturgeons.

Fig. 1, 1*a*, 1*b*. *Acipenser (Antaceus) Alexandri*, t. II, p. 239.

a, plaque occipitale supérieure (t. II, p. 45); — *b*, nuchale (*id.*); — *c*, mastoïdienne (*id.*); — *d*, pariétale (*id.*, p. 46); — *e*, temporale (*id.*); — *f*, frontale principale (*id.*); — *g*, ethmoïdale ou frontale moyenne (*id.*); — *h*, frontale antérieure (*id.*, p. 47); *i*, frontale postérieure (*id.*); *l*, nasale (*id.*); — *m*, rostrales supérieures (*id.*); — *p*, sus-scapulaire (*id.*); — *v*, premier écusson dorsal (*id.*, p. 50); — *w*, opercule (*id.*, p. 73);

(Pour les plaques des régions latérales et inférieure de la tête, voy. l'explication des fig. de la pl. 19.)

Fig. 2, 2*a*, 2*b*. *Acipenser (Huso) Gillii*, t. II, p. 110.

Fig. 3, 3*a*, 3*b*. *Id. (Id.) Kennicottii (Id.*, p. 130).

Fig. 4, 4*a*, 4*b*. *Id. (Id.) anthracinus (id.*, p. 126).

PLANCHE 16.

Têtes et revêtement cutané d'Esturgeons.

Fig. 1, 1*a*. *Acipenser (Huso) Lesueurii*, t. II, p. 166.

Fig. 2, 2*a*. *Acipenser (Id.) simus (id.*, p. 175).

Fig. 3, 3*a*. *Acipenser (Id.) rostellum (id.*, p. 173).

Fig. 4, 4*a*, 4*b*. *Acipenser (Id.) brevirostrum (id.*, p. 170, où est omise l'indication de la fig.), et p. 180.

PLANCHE 17.

Têtes, barbillons et scutelles cutanées d'Esturgeons.

Fig. 1, 1*a*, 1*b*. *Acipenser (Huso) lœvis*, t. II, p. 151.

Fig. 2, 2*a*, 2*b*. *Id. (Id.) rosarium (id.*, p. 152).

Fig. 3, 3*a*, 3*b*. *Acipenser (Antaceus) brachyrhynchus (id.*, p. 221).

Fig. 4. Barbillon de *Acip. (Huso) atelaspis (id.*, haut de la p. 142).

Fig. 5. Id., *Id. (Id.) Kirtlandii (id.*, p. 161).

Fig. 6. Id., *Id. (Id.) Kennicottii (id.*, p. 130).

Fig. 7. Scutelles cutanées de *Acip. (Lioniscus) glaber (id.*, p. 53).

Fig. 8 et 9. Id., id., *Id. (Huso) (id.*, p. 53). Voy., en outre, pl. 15, fig. 2*b*, 3*b*, 4*b*.

Fig. 10. Id., id., *Id. (Ac. sturio) (id.*, p. 53).

PLANCHE 18.

Têtes et revêtement cutané d'Esturgeons.

Fig. 1, 1*a*, 1*b*. *Acipenser (Antaceus) Caryi* (t. II, p. 224).

Fig. 2, 2*a*, 2*b*. *Acipenser* (*Antaceus*) *Ayresii* (*id.*, p. 226).

Fig. 3, 3*a*, 3*b*. Id. (*Id.*) *Agassizii* (*id.*, p. 237).

Fig. 4, 4*a*, 4*b*. Id. (*Id.*) *medirostris* (*id.*, p. 222). Voy., en outre, pour les scutelles du sous-genre *Antaceus*, pl. 15, fig. 1*b* (*id.*, p. 53).

PLANCHE 19.

Têtes d'Esturgeons.—Polyodon Gladius. — Ecailles de Lépidostés.

Fig. 1. *Acipenser* (*Antaceus*) *Buffalo*, tête vue de profil (t. II, p. 231). *h* et *i* plaques frontales antérieure et postérieure (t. II, p. 47). Voy., en outre, pl. 15, fig. 1, *h, i, l, p, v.*

j, plaque postorbitaire (*id.*, p. 47); — *k*, sous-orbitaire (*id.*); — *l*, nasale (*id.*); — *n*, rostrales latérales (*id.*); — *p*, sus-scapulaire (*id.*); — *q*, scapulaire (*id.*, p. 48); — *t*, écussons latéraux (*id.*, p. 51). Voy., en outre, pl. 15, fig. 1*a* et sur toutes les autres pl.; — *u*, évent (*id.*, p. 72); — *v*, premier écusson dorsal (*id.*, p. 50).

Fig. 2. *Acipenser* (*Acip.*) *ruthenus*, tête vue en dessous (*id.*, p. 246). *o*, écussons vomériens (*id.*, p. 47); — *r*, plaque pectorale (*id.*, p. 48). Voyez pour les autres plaques, pl. 15, fig. 1, et pl. 19, fig. 1.

Fig. 2*a*. Canaux muqueux de la peau à la face inférieure du museau de *Acip. ruthenus* (*id.*, p. 42).

Fig. 3. *Polyodon Gladius* (*id.*, p. 287).

Fig. 4. Ecailles de *Lepidosteus Harlani.*

Fig. 5. Id. de *Cylindrosteus Castelnaudii.*

Fig. 6. Id. de *Atractosteus tristœchus.*

Voy. l'explication de la pl. 21.

PLANCHE 20.

Fig. 1 et 2. Portion antérieure de l'axe cérébro-spinal de l'Esturgeon ordinaire (*Acipenser* [*Acipenser*] *sturio*) et origine des nerfs encéphaliques. — Voy. pour l'étude comparative de cette portion du système nerveux central, la pl. 2 du présent ATLAS, la p. 4 de l'Explication des planches, ainsi que les détails contenus dans le t. I, p. 66-74, et t. II, p. 38-40.

Afin d'établir une concordance entre les pl. 2 et 20, et celles de l'Atlas encore inédit de MM. Philipeaux et Vulpian (voy. t. I, p. 67), partout, le même chiffre ou la même lettre se rapporte au même organe. Les chiffres ou les lettres qui manquent désignent des portions du système nerveux central non visibles sur nos planches 2 et 20.

1 (fig. 1 et 2). Nerfs olfactifs. — 2 (fig. 2). Lobules olfactifs. — 3 (fig. 1). Processus olfactifs. — 4 (fig. 1 et 2). Hémisphères cérébraux. — *e* (fig. 1). Pédoncules cérébraux. — *f* (fig. 1).

Couches optiques rudimentaires. — 6 (fig. 1). Tubercules bijumeaux ou lobes optiques. — 7 (fig. 1). Cervelet. — 8 (fig. 1). Lames latérales postérieures de la moelle allongée. — 10 (fig. 2). Ses lobes inférieurs. — 14 (fig. 2). Corps pituitaire. — 15 (fig. 1). 4ᵉ ventricule. — 17 (fig. 1 et 2). Moelle allongée.

Fig. 3. Scutelles cutanées de la région antérieure du dos du grand Esturgeon (*Acipenser [Huso] ichthyocolla*, t. II, p. 95).

Fig. 4 et 4a. Tête et 6ᵉ écusson dorsal de *Acip. (Huso) Fitzingerii* (*id.*, p. 97).

Fig. 5 et 5a. Tête et 6ᵉ écusson dorsal de *Acip. [Huso] Ducissæ* (*id.*, p. 98).

Fig. 6 et 6a. Tête et 6ᵉ écusson dorsal de *Acip. [Huso] Nehelæ* (*id.*, p. 100).

Fig. 7. Grandes plaques étoilées de *Acip. (Antaceus) schypa* (*id.*, p. 203).

Fig. 8. Ecusson dorsal de *Acip. (Lioniscus) glaber* (Opisthocentre) (*id.*, p. 50 et 261). Voy., en outre, pl. 17, fig. 7.

PLANCHE 21.

Têtes de Lépidostéidés vues en dessus et de profil.

Fig. 1, 1a, 1b. *Lepidosteus Harlani* (t. II, p. 329).

Fig. 2, 2a, 2b. *Cylindrosteus Castelnaudii* (*id.*, p. 355).

Fig. 3, 3a, 3b. *Atractosteus tristœchus* (*id.*, p. 362).

Voy., en outre, pour les fig. 1a, 2a, 3a, id., p. 306, et pour les fig. 1b, 2b, 3b, id., p. 308; puis p. 294 et 295 pour les différences dans la conformation du rostre, et p. 296 relativement aux dents.

PLANCHE 22.

Lépidostéidés.

Fig. 1, 1a, 1b. *Atractosteus tropicus* (sous le nom de *Atr. Bocourti*) (*id.*, p. 367).

Fig. 2, 2a, 2b. *Lepidosteus huronensis* (*id.*, p. 295, 306 et 333).

Fig. 3. *Lepidosteus louisianensis* (*id.*, p. 295 et 343).

Voy. pour les différences dans la conformation de la tête, p. 294 et 295.

PLANCHE 23.

Polyptéridés.

Fig. 1, 1a, 1b. *Polypterus bichir* (t. II, p. 391).

Fig. 2, 2a, 2b. *Polypterus senegalus* (sous le nom de *Pol. Arnaudii* (*id.*, p. 394).

Fig. 3. *Polypterus Endlicherii* (*id.*, p. 393).

Voyez, relativement aux détails des nageoires dorsales (Fig. 1b et 2b), p. 375.

PLANCHE 24.

Fig. 1. *Calamoichthys calabaricus* ♂.

Fig. 1*a*, 1*b*. Tête du même vue de profil et en dessus. — Fig. 1*c*. Extrémité terminale du tronc. — Fig. 1*d*. L'une des nageoires dorsales. — Fig. 1*e* et 1*f*. Rayon épineux de 2 dorsales vu en dessus.—Fig. 1*g*. Ecailles du tronc et ligne latérale (t. II, p. 397). Voy. relativement aux nageoires, p. 375.

Fig. 2. Extrémité terminale du *Calamoichthys calabaricus* ♀ (*id.*, p. 398).

Fig. 3. Nageoire caudale de Lépidosté (*id.*, p. 296, 304 et 319).

Fig. 4. Nageoire caudale de très-jeune Lépidosté (*id.*, p. 319).

Fig. 5. Nageoire caudale d'Esturgeon à fulcres simples. — Fig. 6. Id. de Lépidosté à fulcres doubles (*id.*, p. 296).

Fig. 7. Ecailles de *Atractosteus spatula* (*id.*, p. 361, et p. 304 pour la ligne latérale).

Fig. 8. Dents de Lépidostés. Voy. aussi pl. 21 et pl. 22, fig. 2*a*, 2*b* et 3 (*id.*, p. 308).

PLANCHE 25.

Amiadés et Lophobranches.

Fig. 1 et 2. Tête de *Amia reticulata*, de profil et en dessus (t. II, p. 423; p. 411, pour l'appareil operculaire).

Fig. 3. Système dentaire d'Amie (*id.*, p. 399 et 407).

Fig. 4. Chiasma des nerfs optiques d'Amie [d'après Franque] (*id.*, p. 404).

Fig. 5, 5*a*, 5*b*. Branchies de Lophobranche (*id.*, p. 480).

PLANCHE 26.

Fig. 1, 1*a*. *Pegasus laternarius* vu en dessus et en dessous.— Fig. 1*b*. Tête de profil et amplifiée du même (*id.*, p. 491).

Fig. 2, 2*a*. *Solenostomus paradoxus* vu de profil et en dessous (*id.*, p. 497). Par erreur, cette fig. n'est pas mentionnée dans le texte.

Fig. 3. Poche sous-caudale d'un Syngnathe ♂ (*id.*, p. 482).

Fig. 4. Poche ventrale d'un *Microphis brachyurus* (*id*, p. 595).

Fig. 5. Portion de la région ventrale d'un *Nerophis* sur laquelle sont fixés des œufs qui sont représentés à part et grossis et fig. 5*a* [d'après M. de Quatrefages] (*id.*, p. 485 et 603).

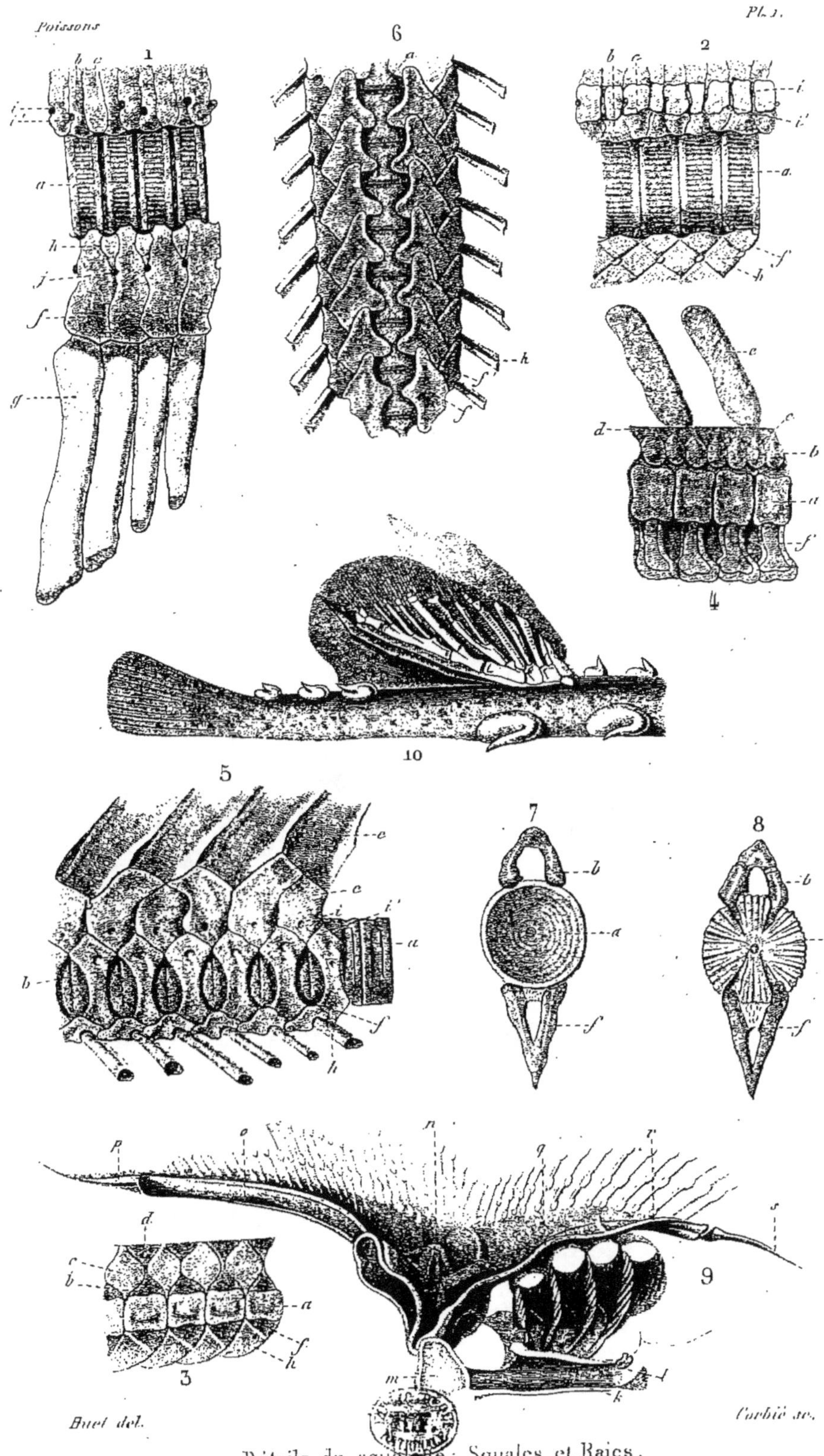

Buet del.

Corbié sc.

Détails du squelette : Squales et Raies.

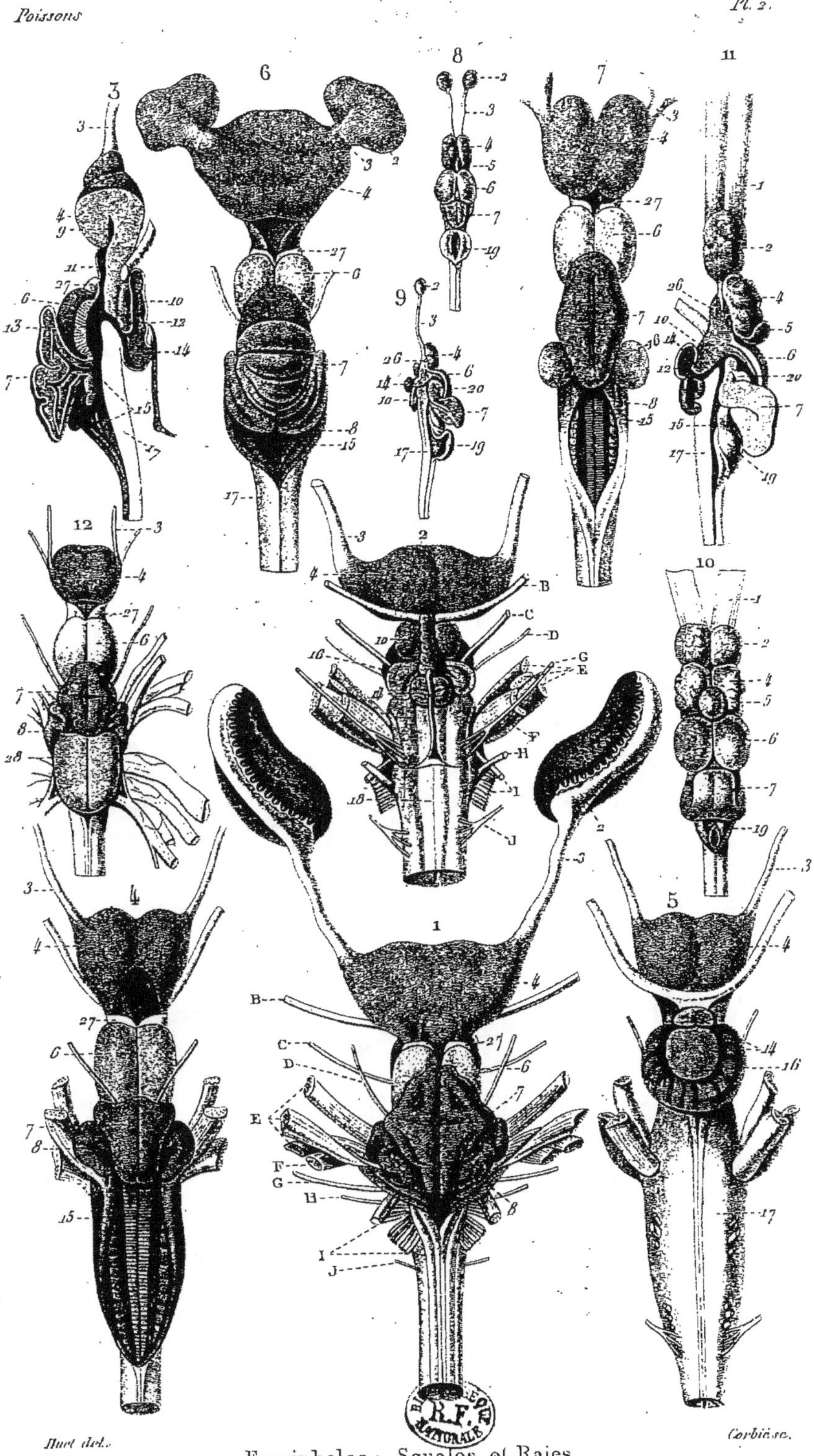
Encéphales : Squales et Raies.
Hurt del.
Corbié sc.

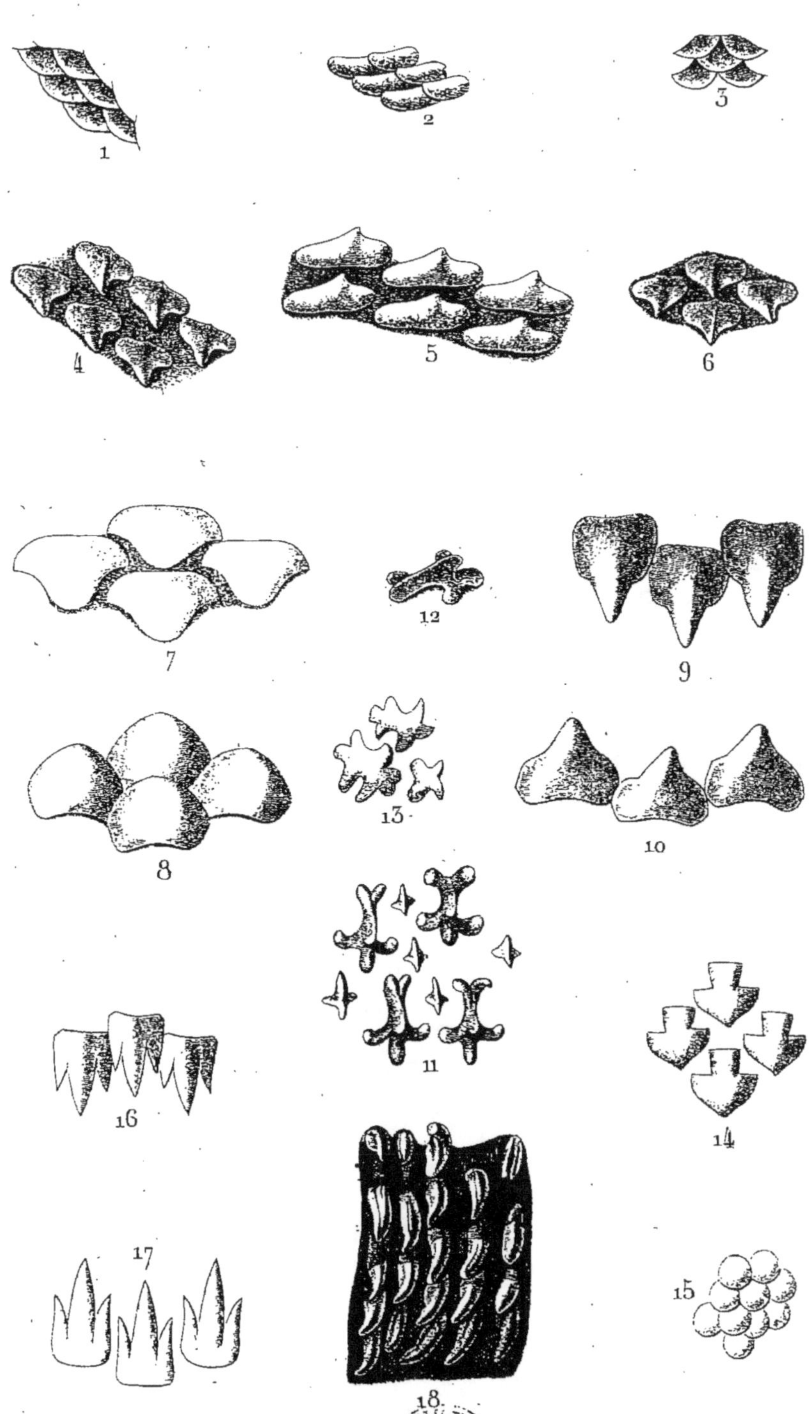

Dents et scutelles de Squales.

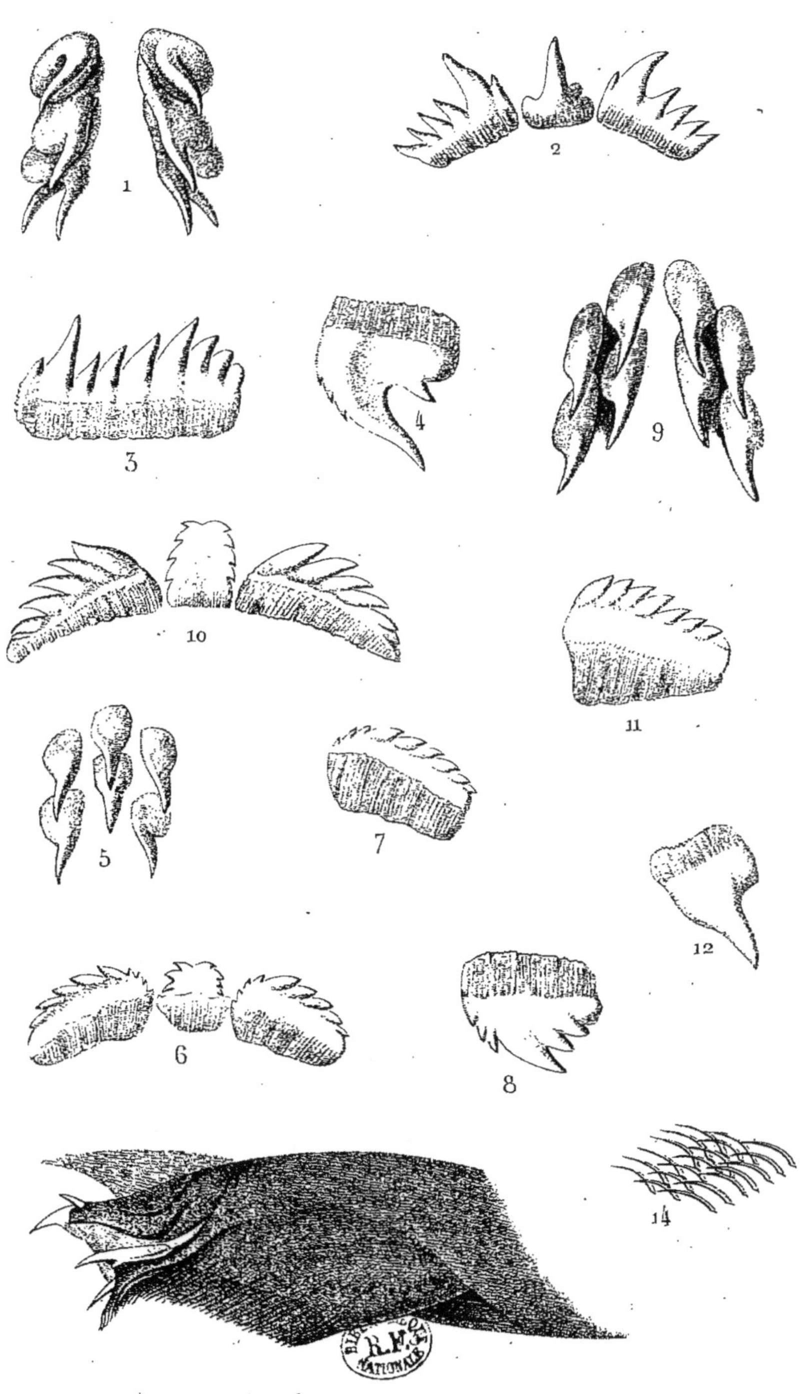

Dents de Notidaniens — Spinax noir.

Pl. 5.

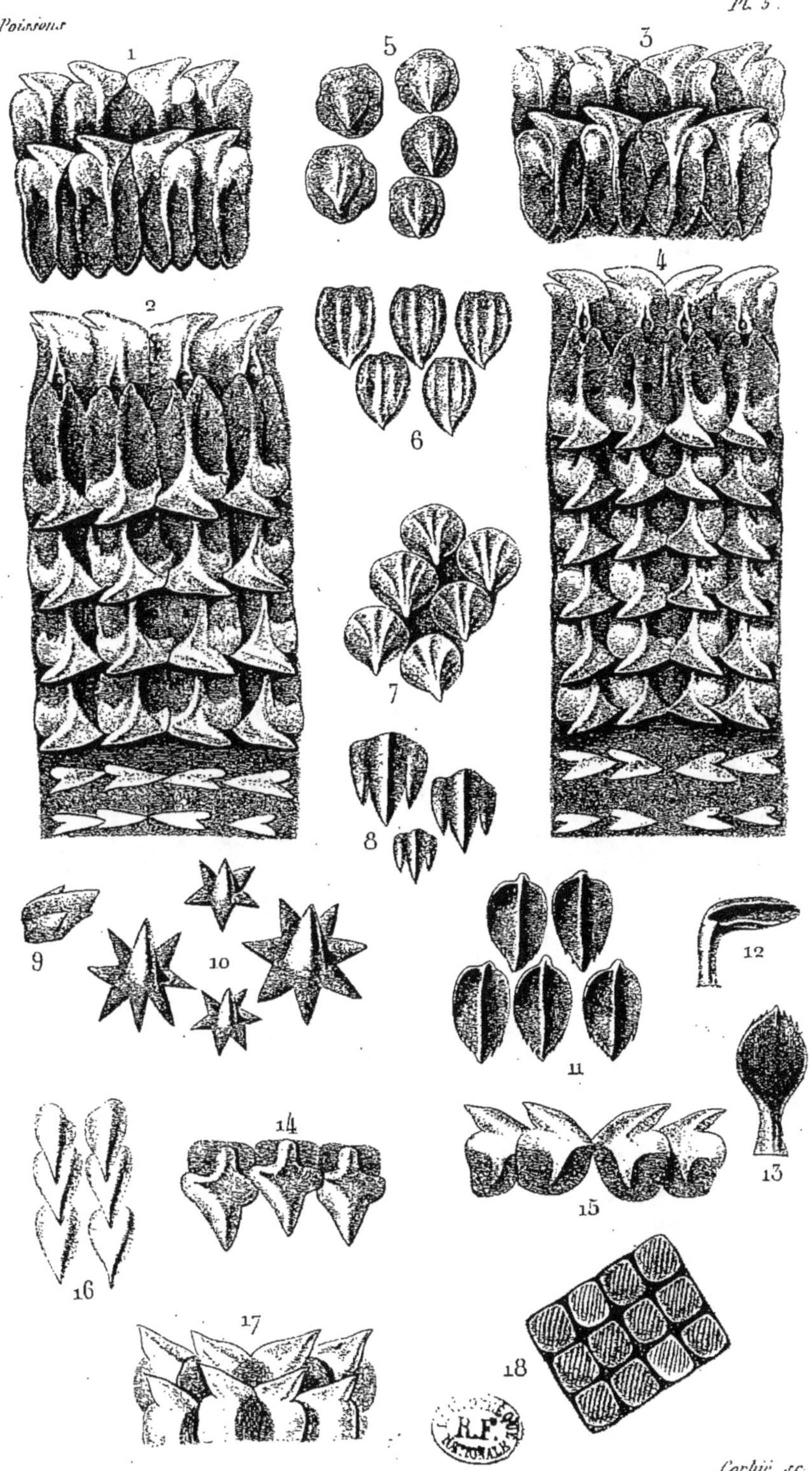

Dents et Scutelles: Scymniens. Squatines. Spinaciens.

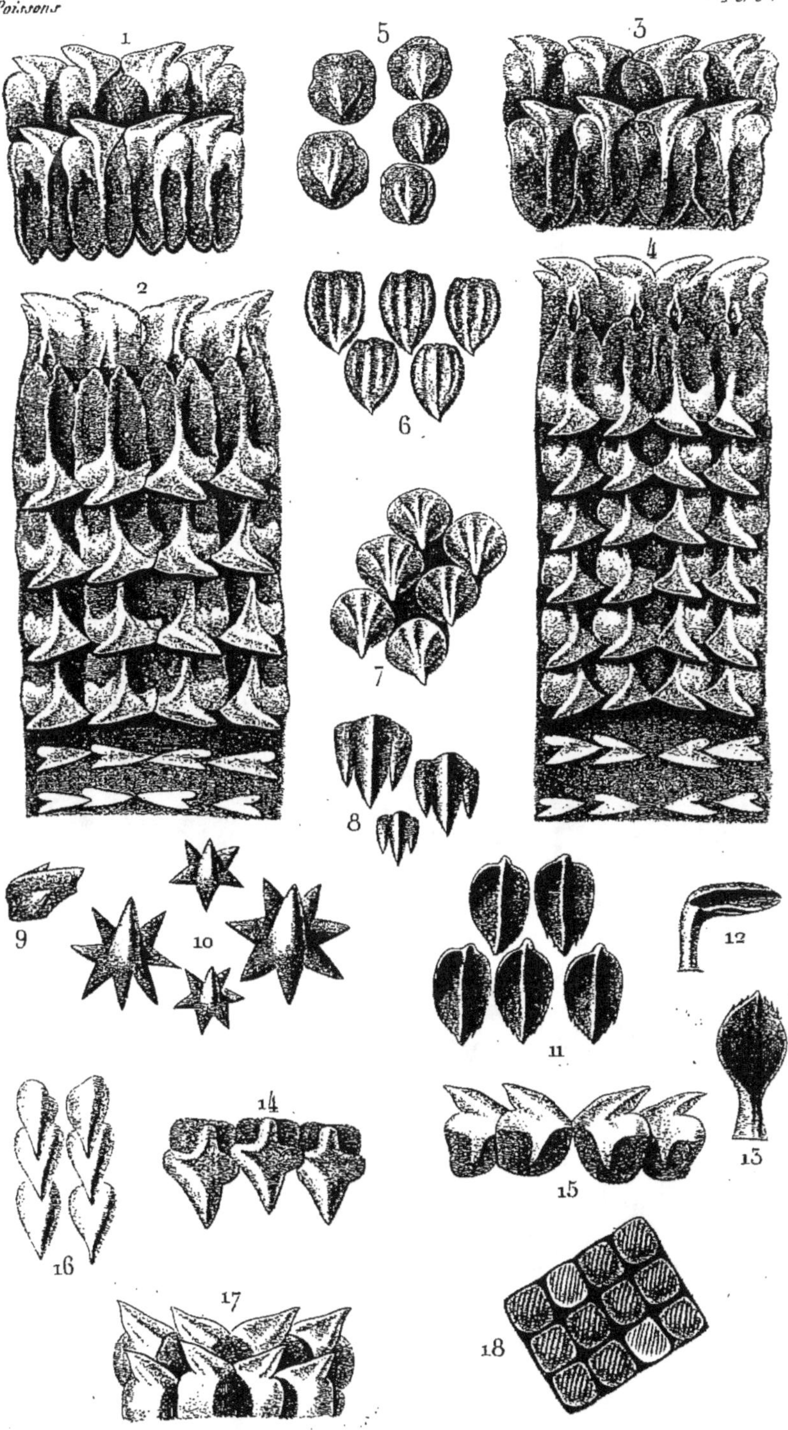

Huet del.

Corbié sc.

Dents et Scutelles: Scymniens. Squatines. Spinaciens.

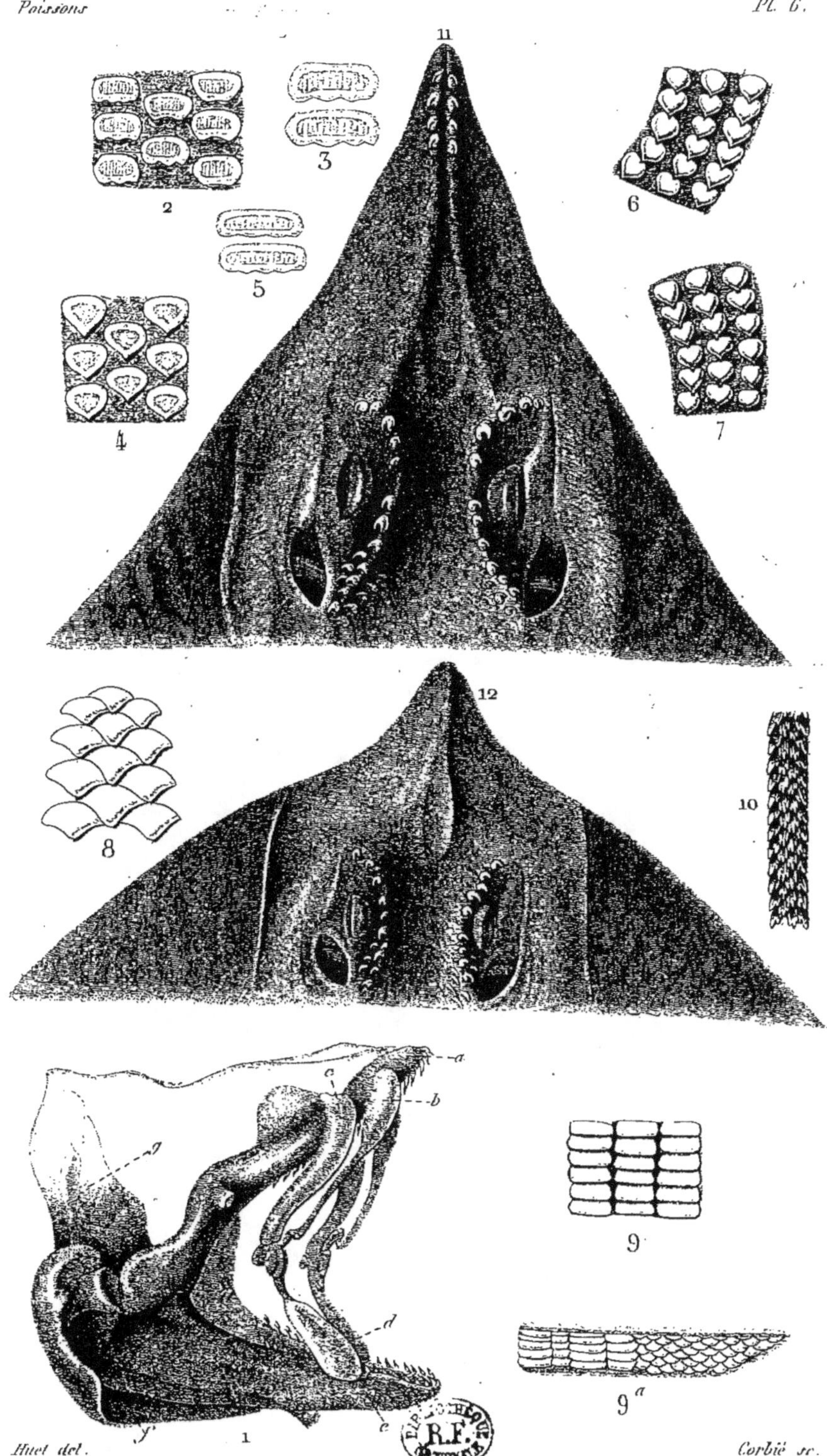

Huet del.   Corbié sc.

Raies chagrinée et chardon. Dents de Céphaloptères. Squatine.

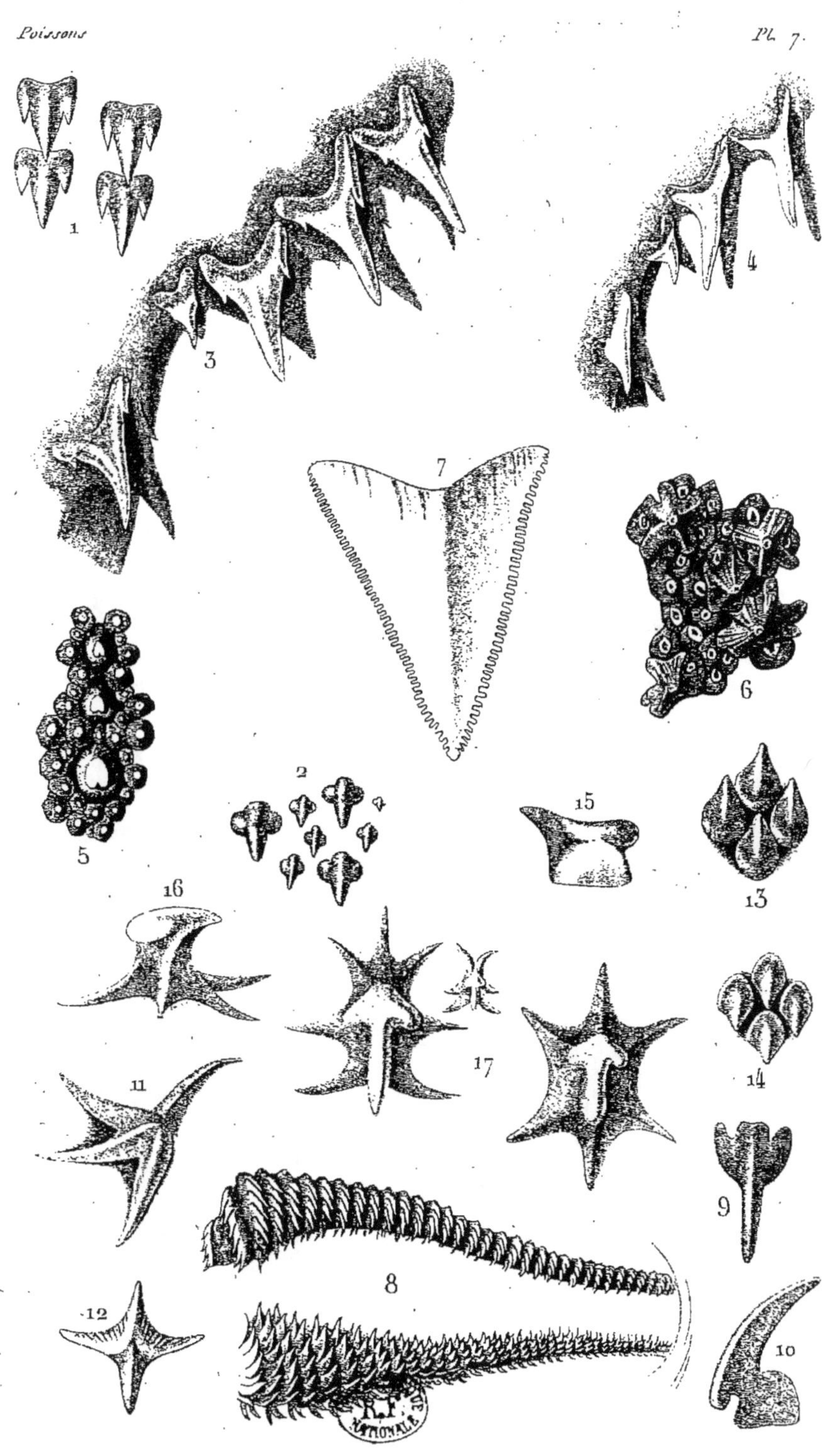

Dents et scutelles de Squales et de Raies.

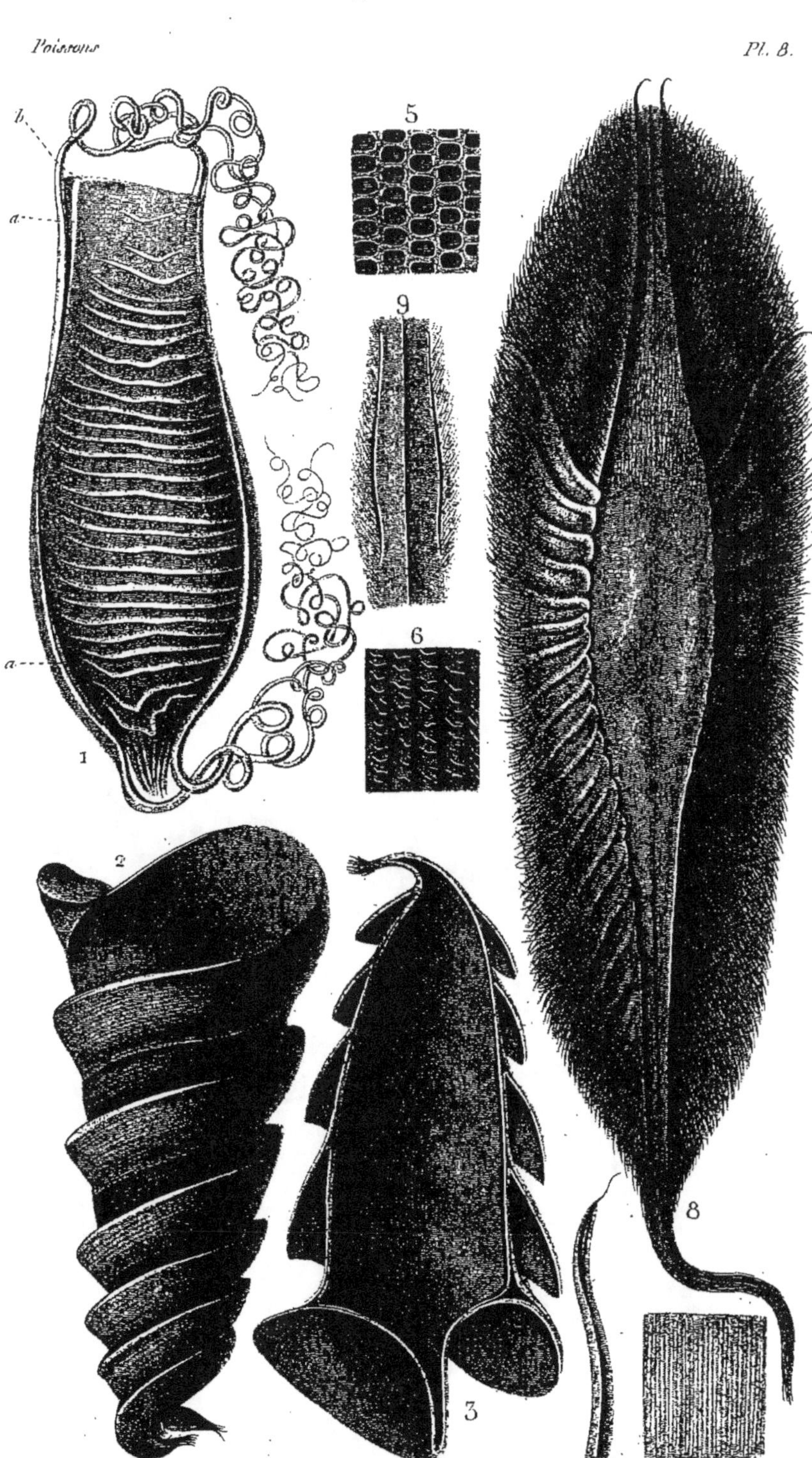

Œufs de Plagiostomes et de Chimère.

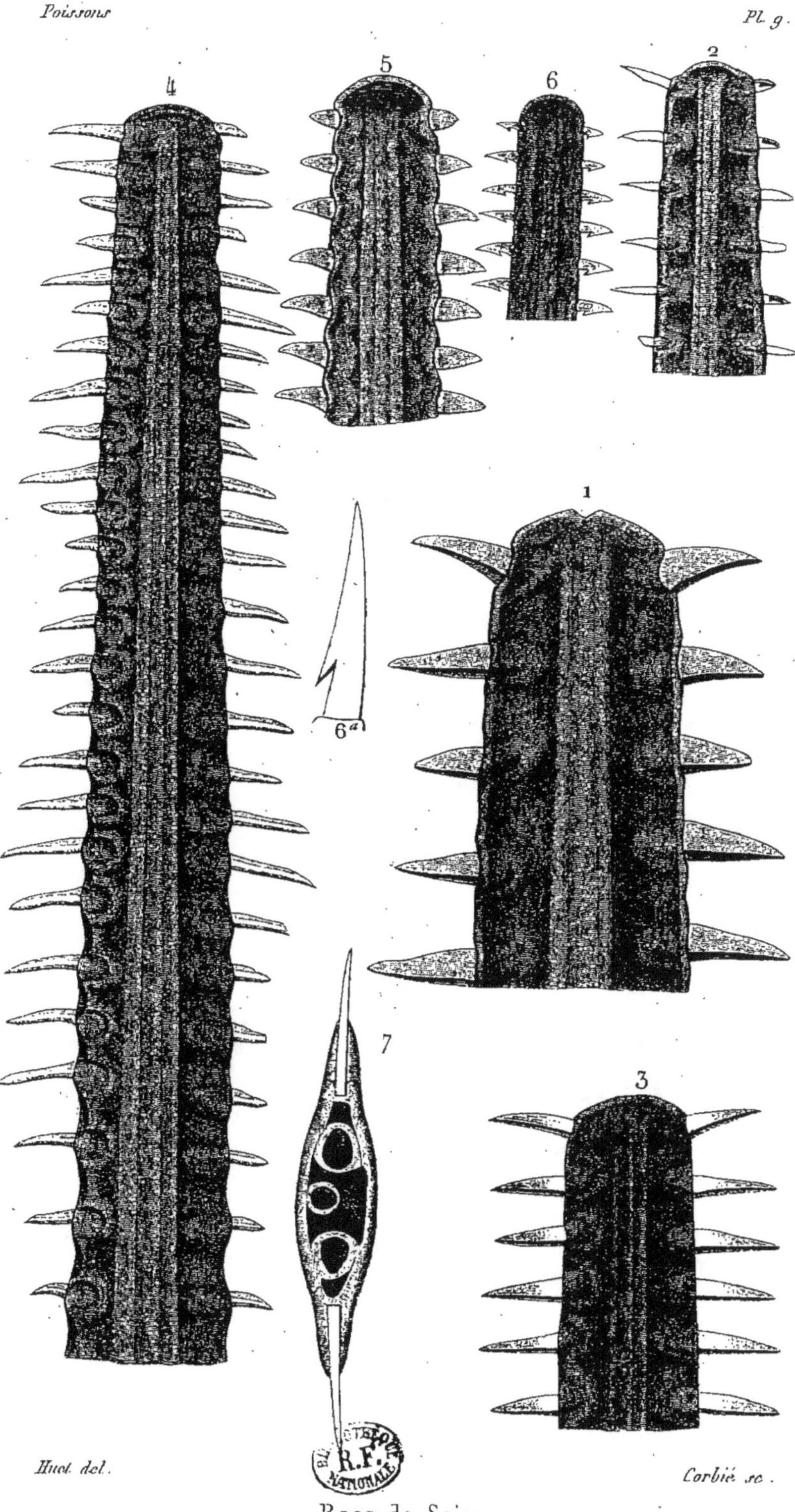

Huet. del.												Corbié sc.

Becs de Scies.

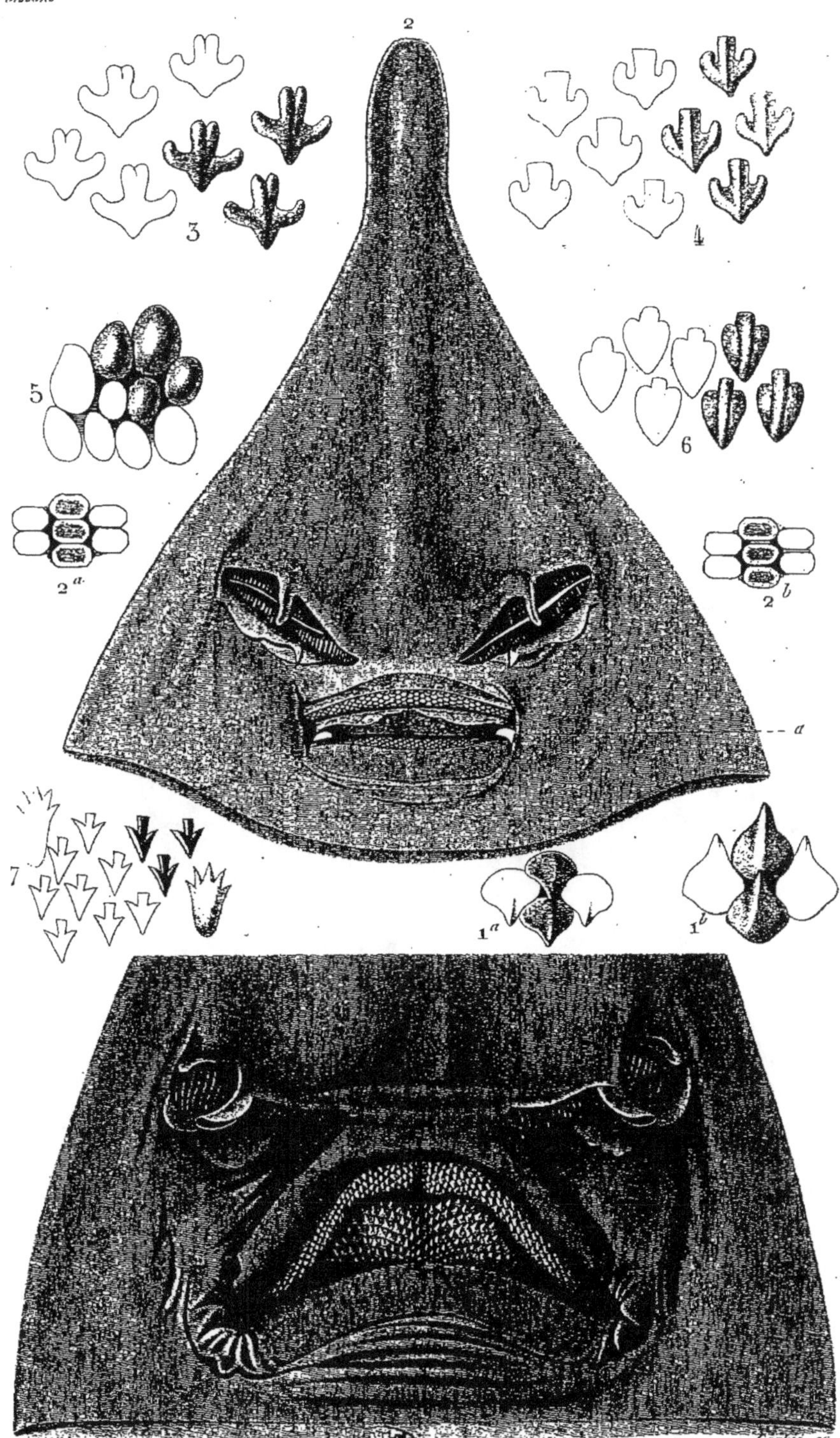

2
3
4
5
6
7
2ᵃ
2ᵇ
1ᵃ
1ᵇ
a
Huet del.
Corbie sc.
Myliobates.

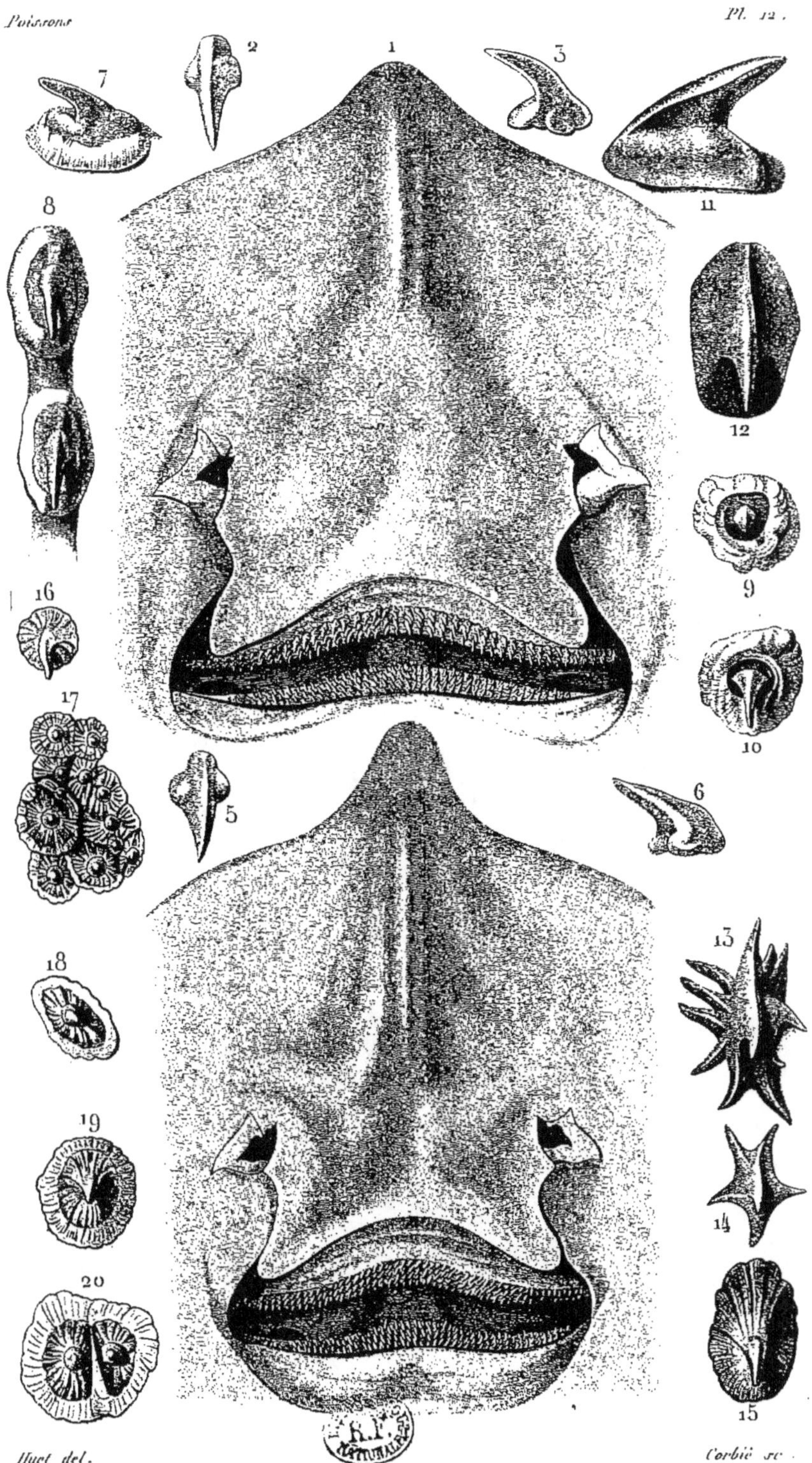

Raies nævus et fausse-voile. Épines de raies.

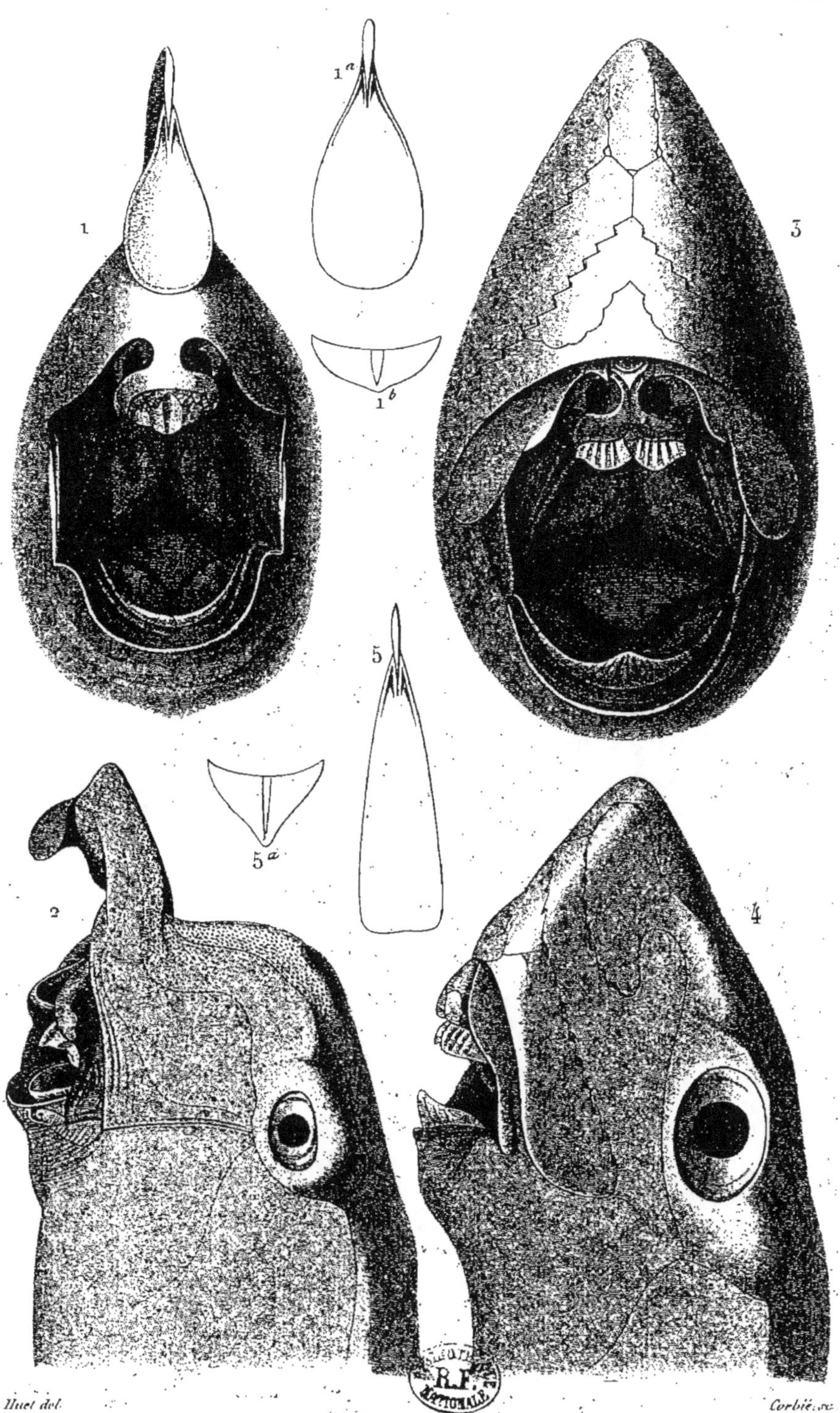

Chimère et Callorhynques.

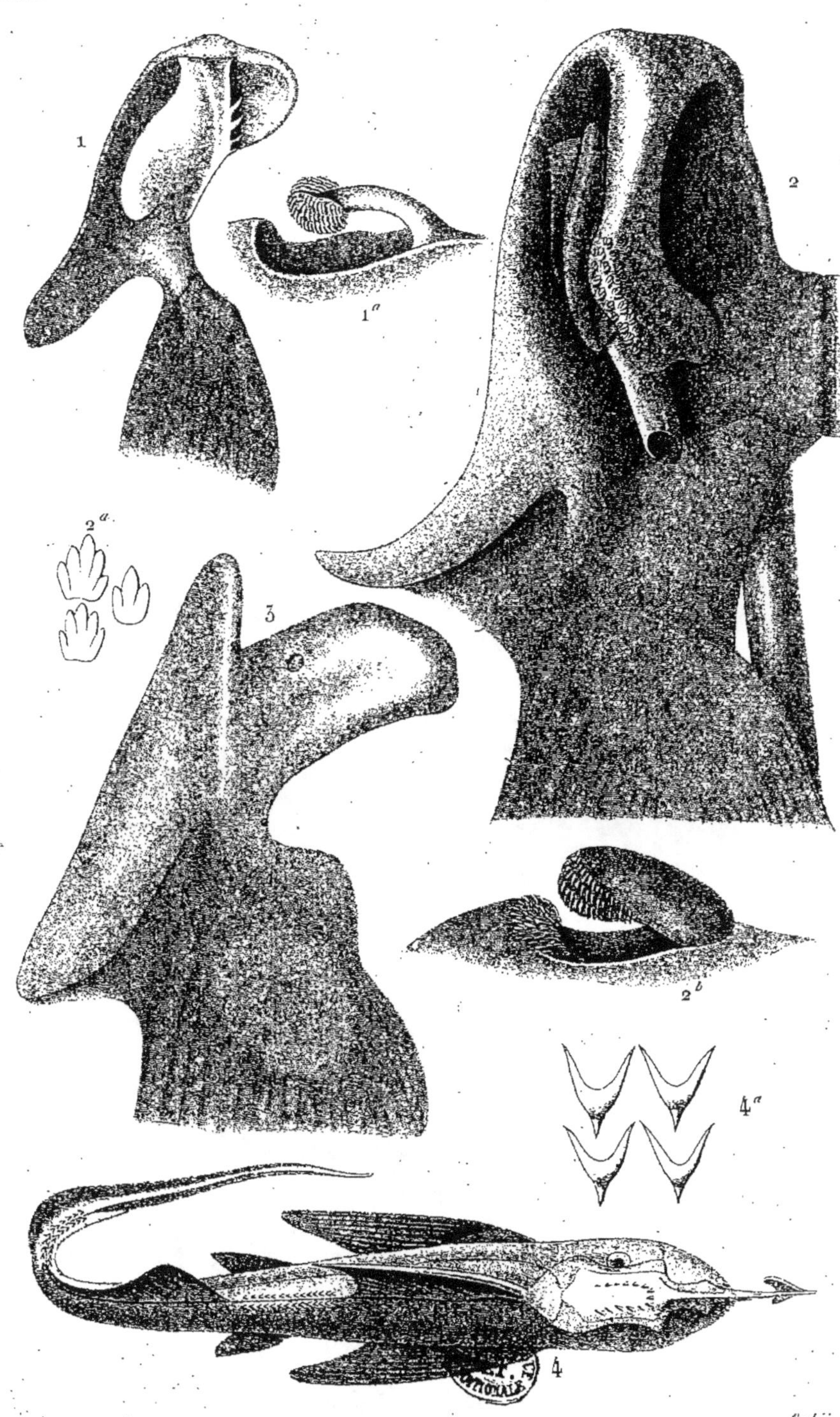

Chimère et Callorhynques

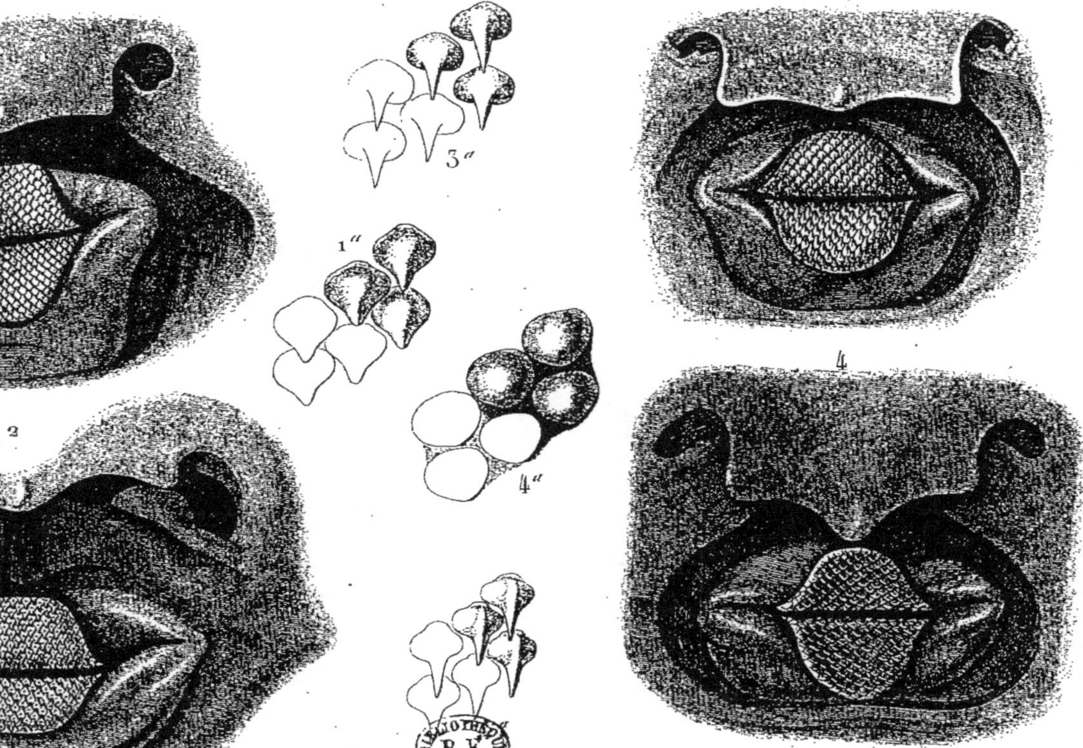

Torpédiniens : Narcines.

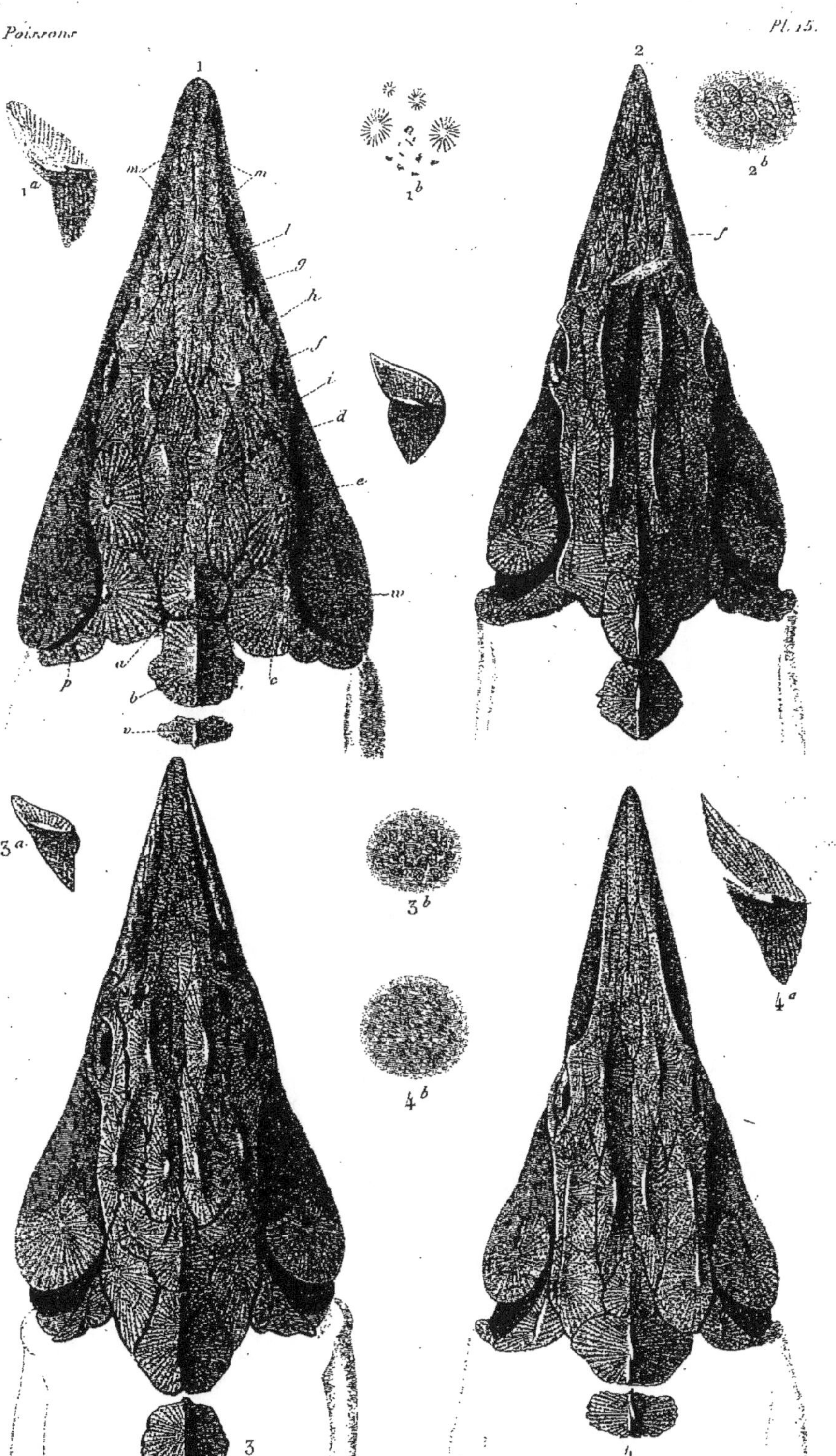

Têtes d'Esturgeons

1 Sous-genre Antaceus. 2-4 Sous-genre Huso.

Huet del.

Corbié sc.

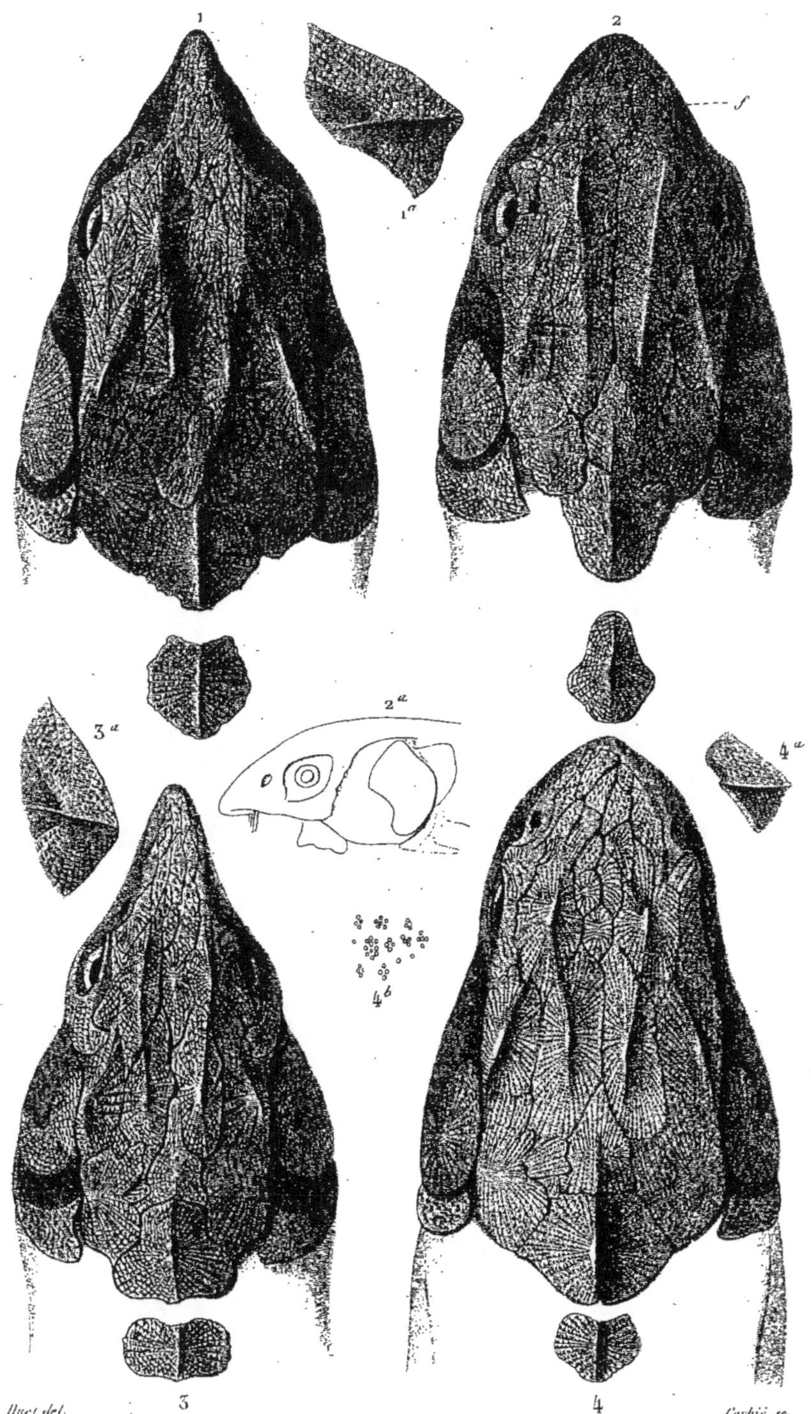

Têtes d'Esturgeons
Sous-genre Huso.

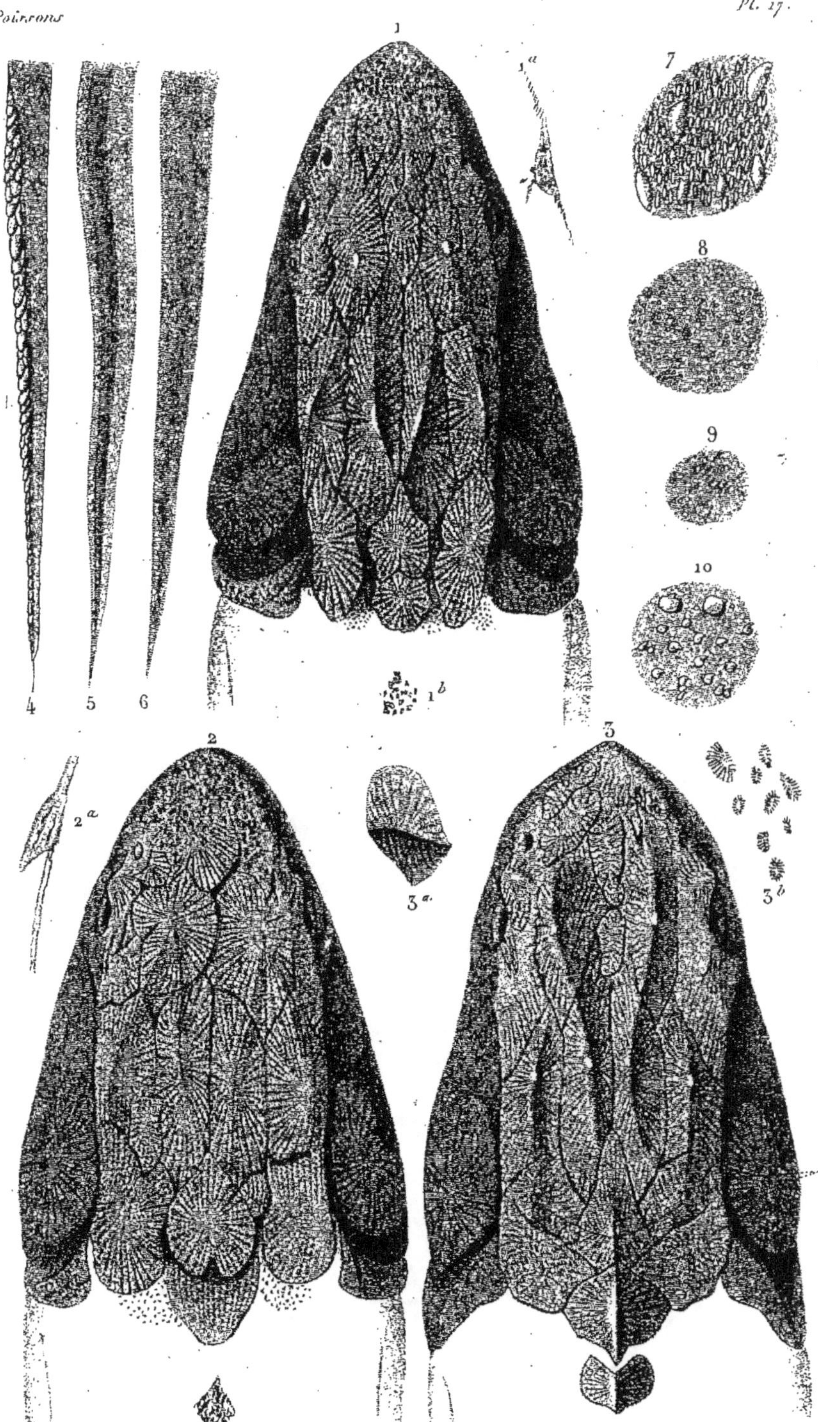

Huet del.

Corbié sc.

Têtes d'Esturgeous
Sous-genres Huso et Antaceus.
Barbillons et Scutelles cutanées.

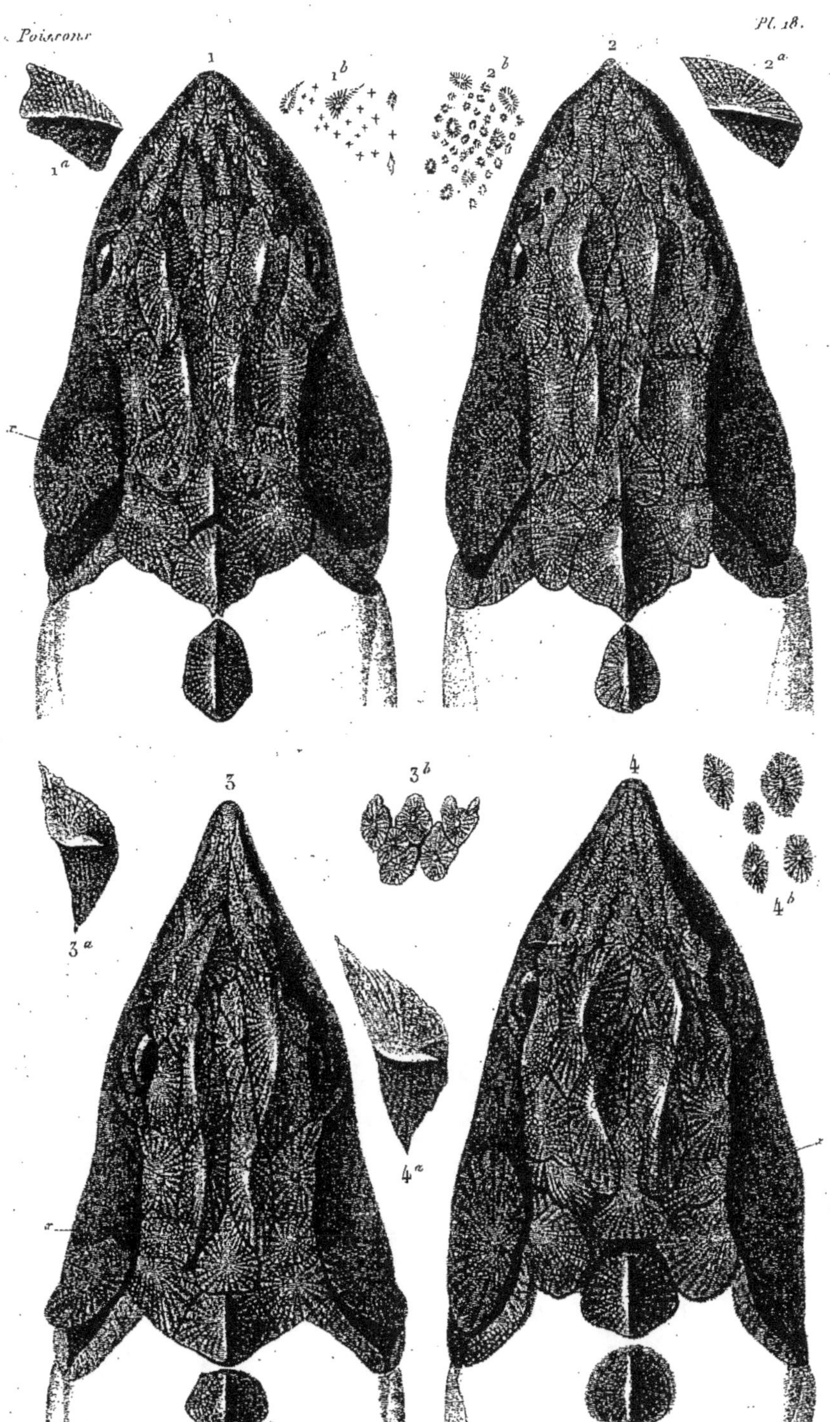

Têtes d'Esturgeons
Sous-genre Antaceus.

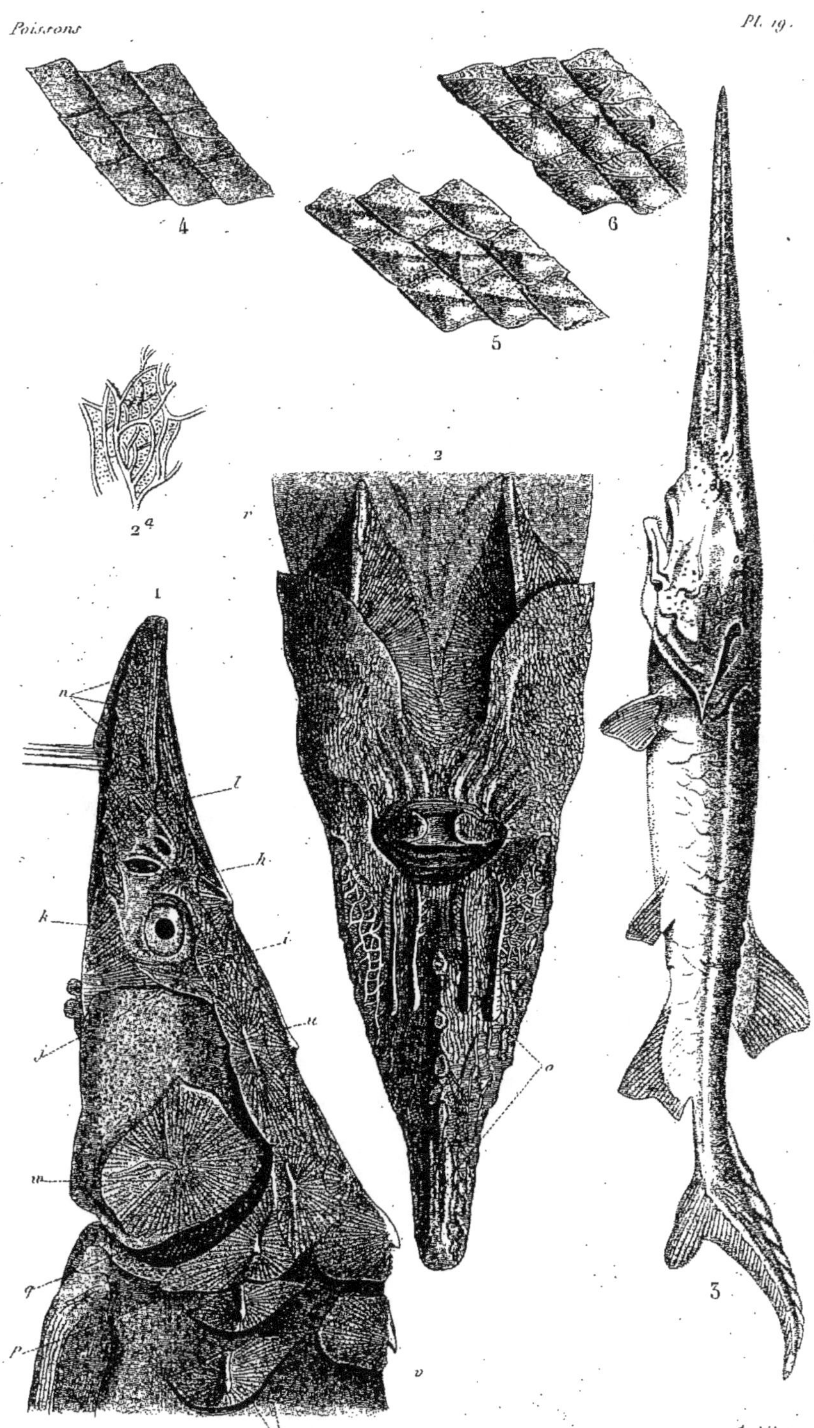

1-2 Têtes d'Esturgeons. 3 Polyodon gladius.
4-6 Ecailles de Lépidostées.

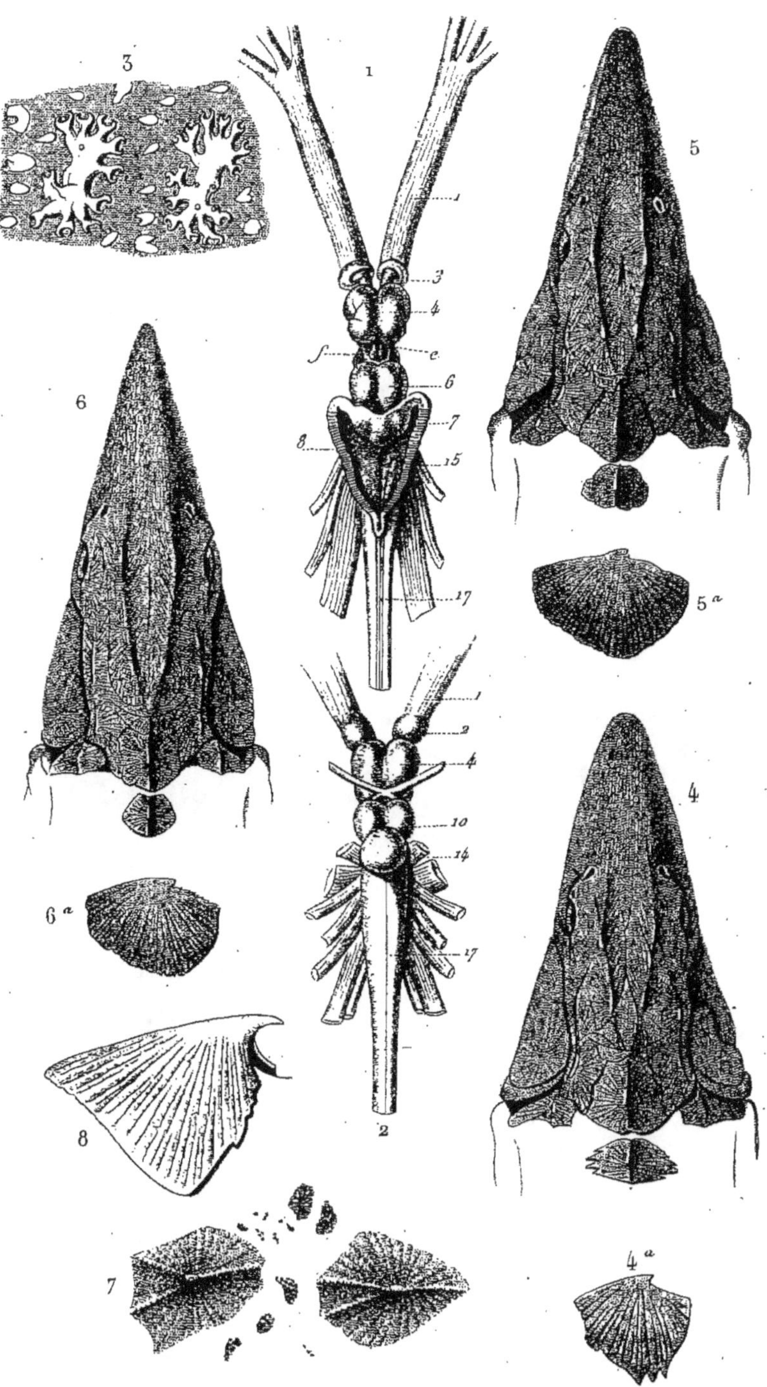

Encéphale, têtes et plaques dorsales d'Esturgeons.

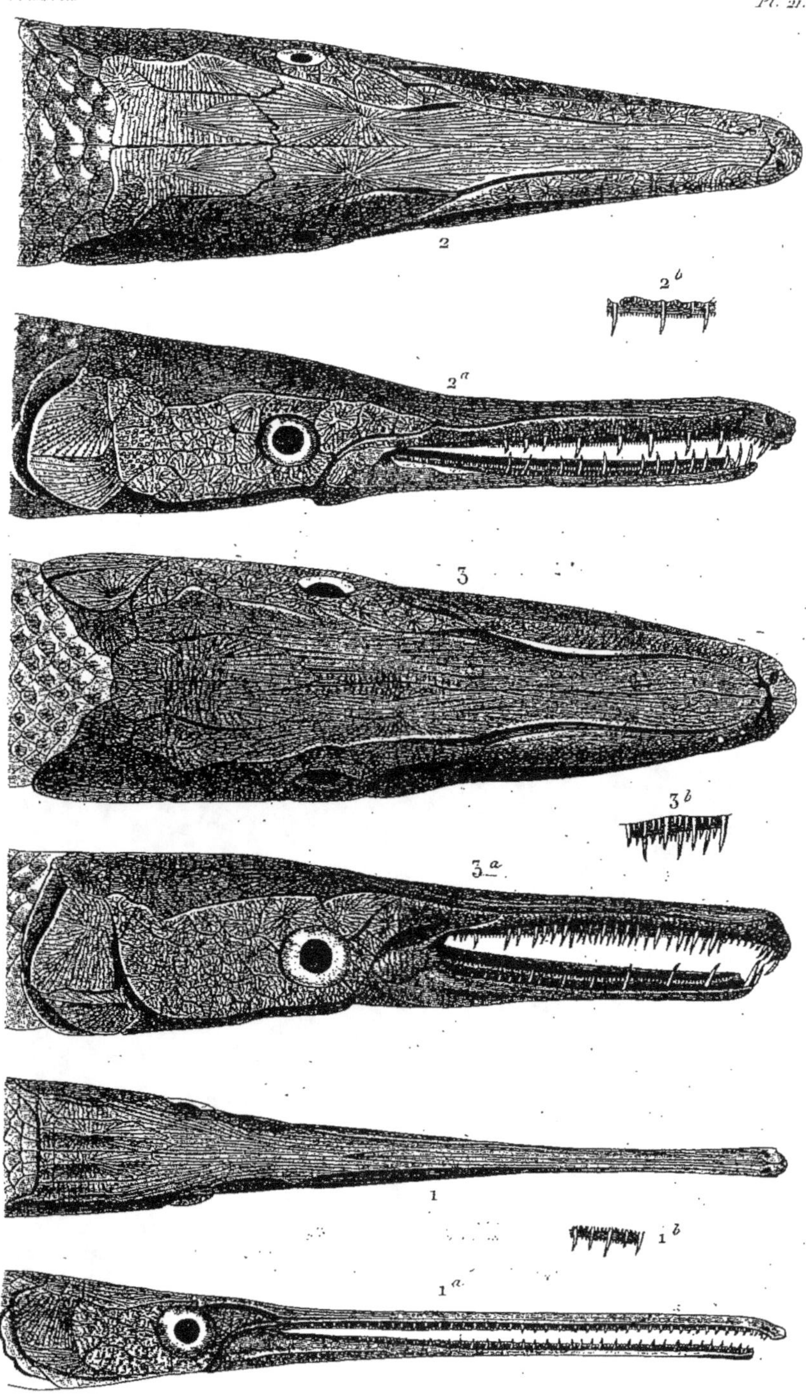

Têtes de Lépidostées
Genres: 1 Lepidosteus. 2 Cylindrosteus. 3 Atractosteus.

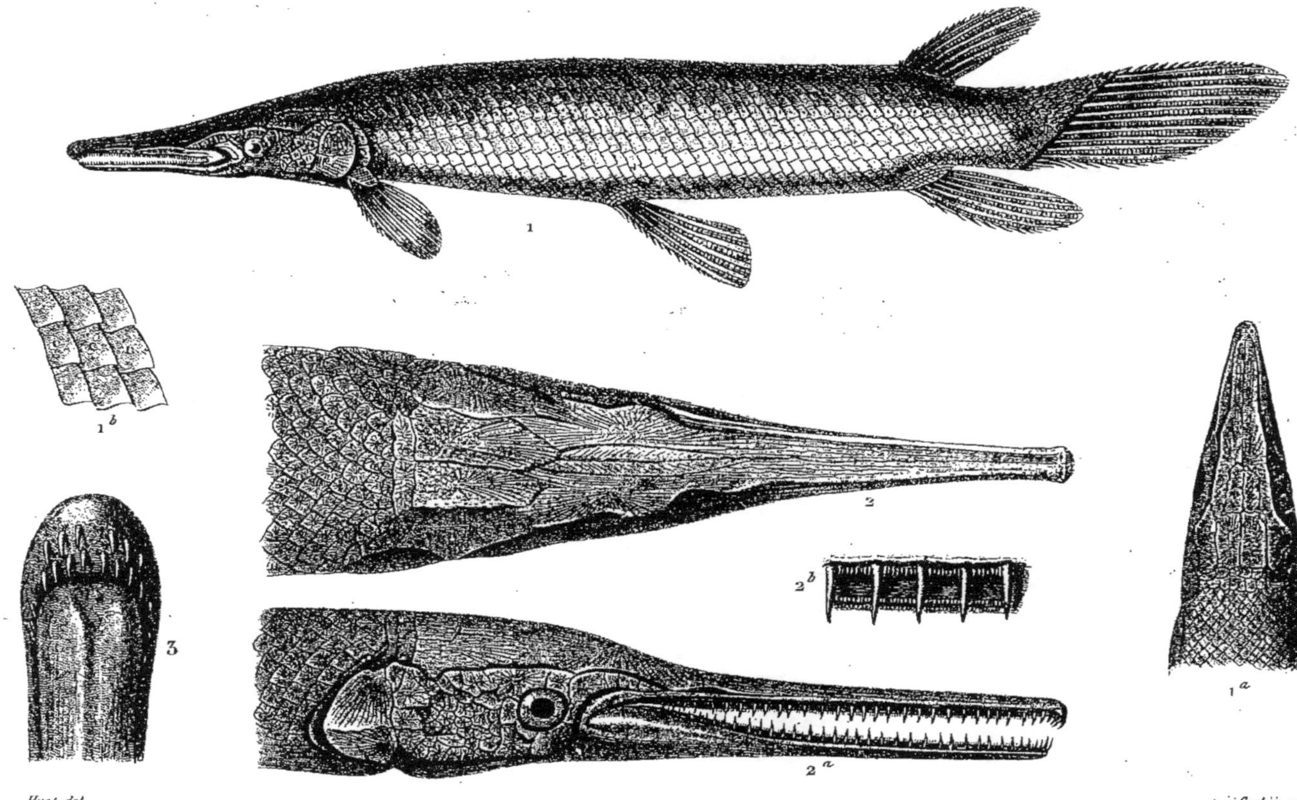

Huet del.

Corbié sc.

Lépidostées
1. Atractosteus Bocourti.

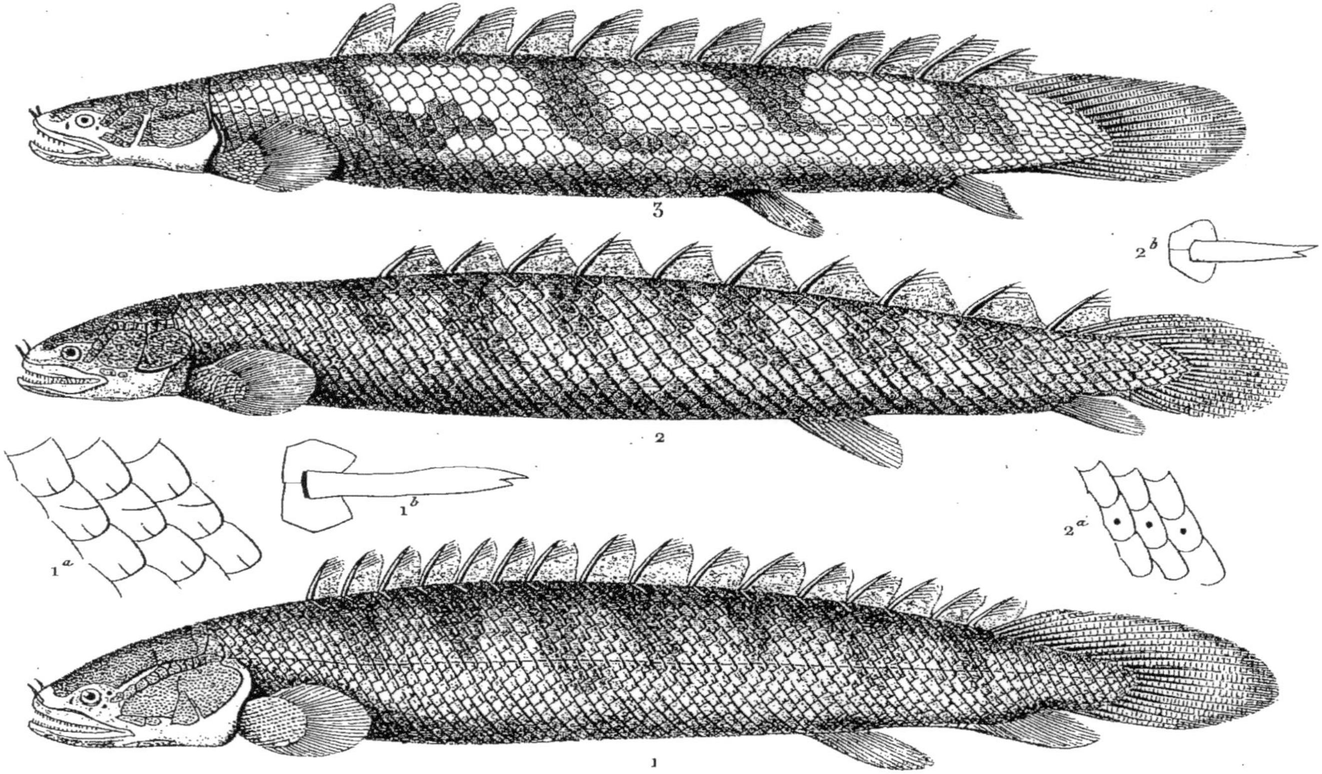

Polyptères: 1 P. bichir. 2 P. Arnaudii. 3 P. Endlicheri.

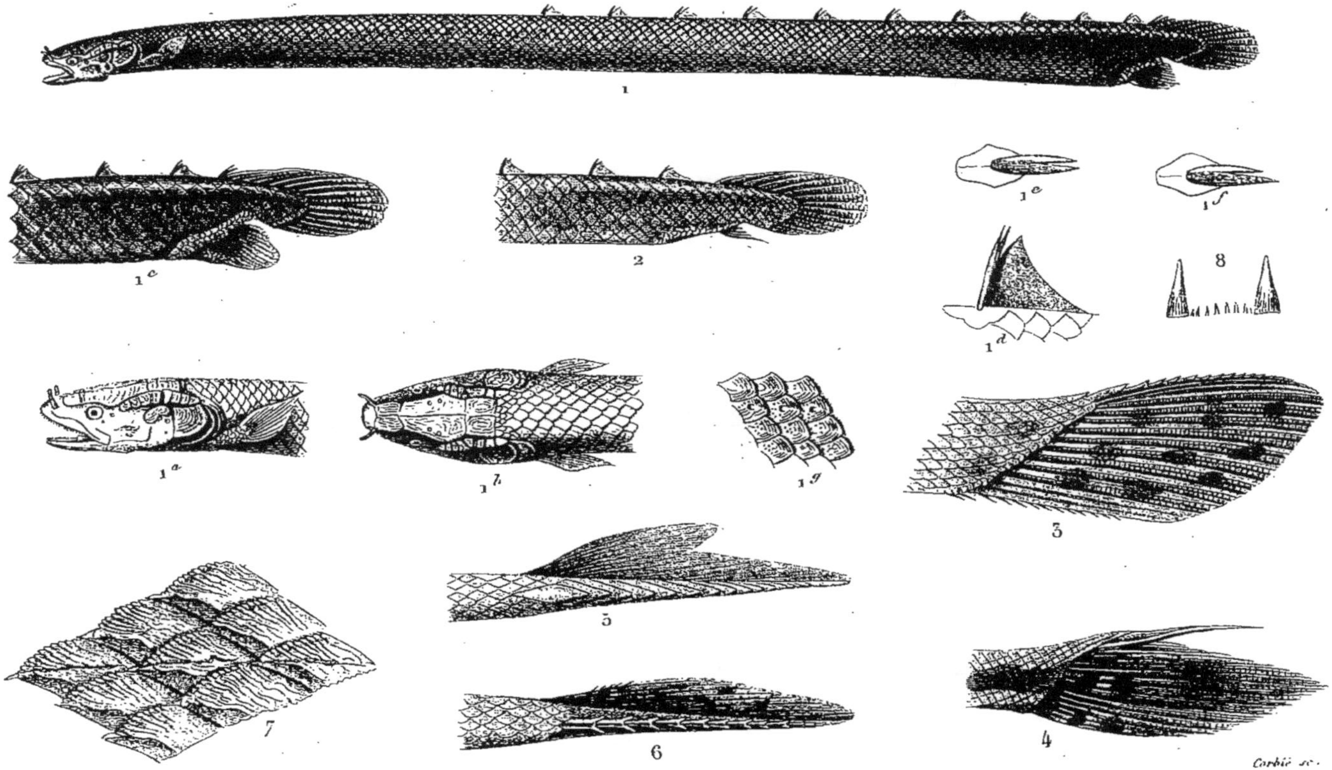

Huet del.

Corbié sc.

Lépidostées

1 et 2. Calamoichthys calabaricus.

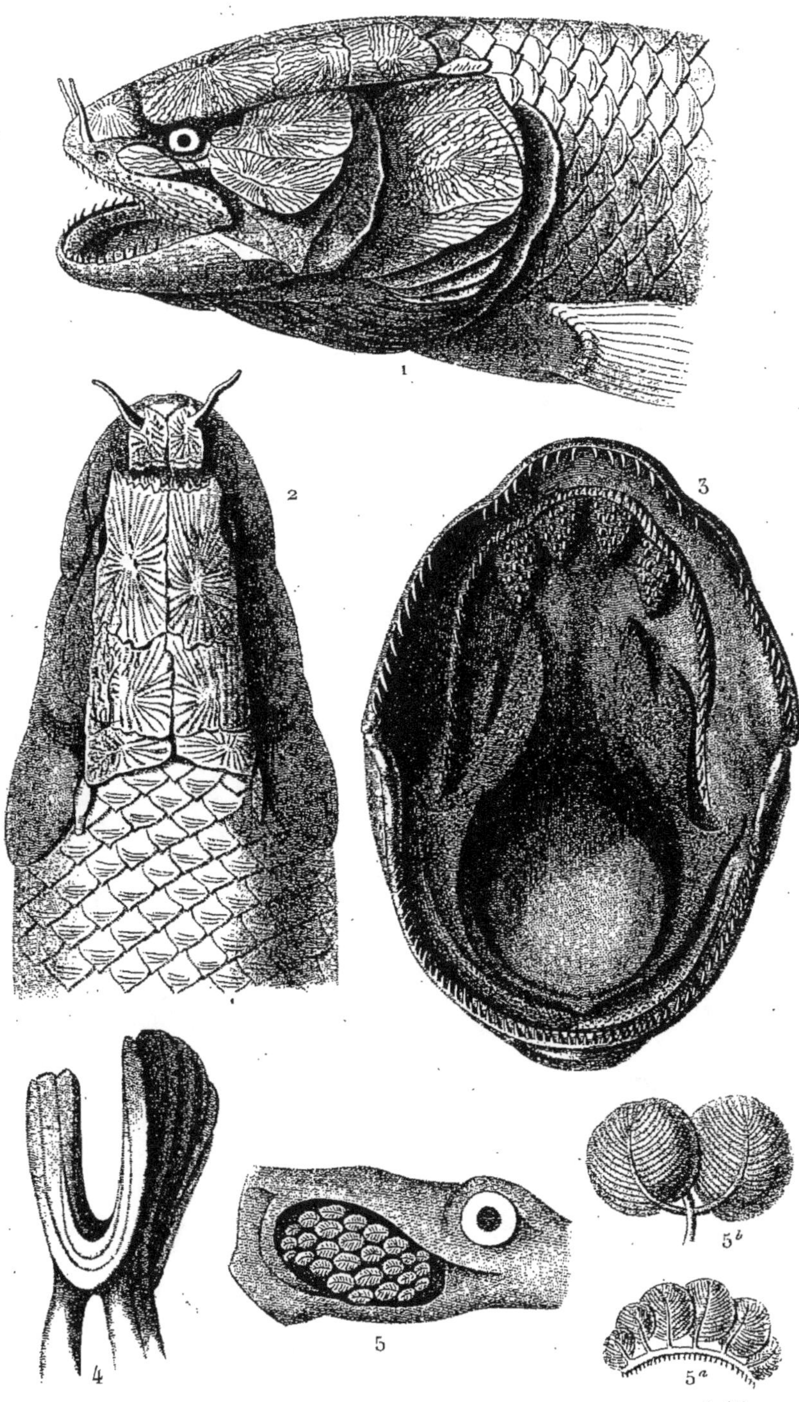

1-4 Tête. Bouche. Chiasma des nerfs optiques d'Amie.
5. Branchies de Lophobranche.

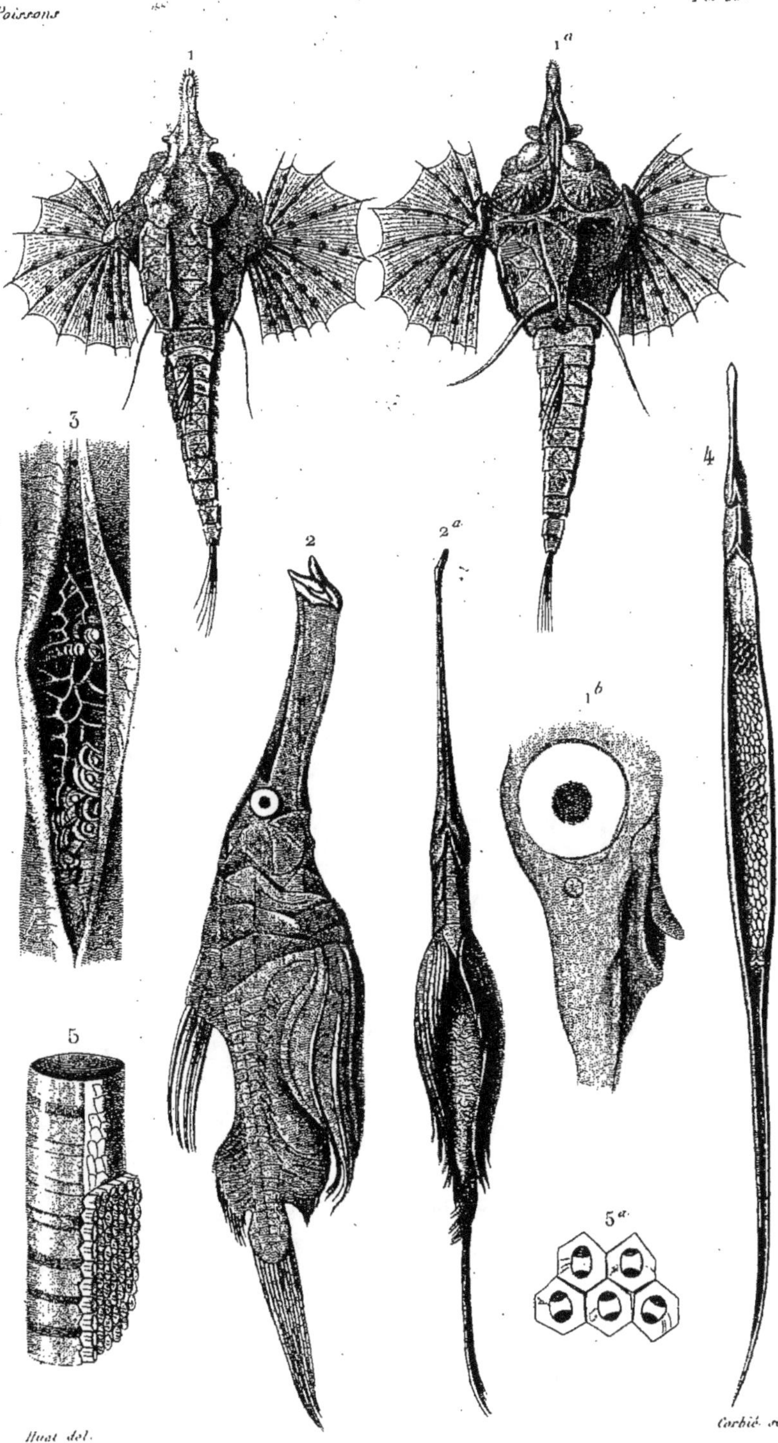

Huet del.

Corbié sc.

1 Pégase. 2 Solénostome. 3-5 Syngnathes.

Imp. Borel r. Hautefeuille

Imp. Roret, r. Hautefeuille 12.

9 782012 877368